应对全球老龄化：
养老机构与适老照护环境设计

［日］长屋荣一　吴茵○著

西南交通大学出版社
·成　都·

图书在版编目（CIP）数据

应对全球老龄化：养老机构与适老照护环境设计 /
（日）长屋荣一，吴茵著. -- 成都：西南交通大学出版
社，2024. 6. -- ISBN 978-7-5643-9863-7

Ⅰ. TU246.2

中国国家版本馆 CIP 数据核字第 2024E7T103 号

Yingdui Quanqiu Laolinghua：Yanglao Jigou yu ShiLao Zhaohu Huanjing Sheji

应对全球老龄化：养老机构与适老照护环境设计

[日]长屋荣一　吴茵　著

责任编辑	杨　勇
封面设计	曹天擎
出版发行	西南交通大学出版社
	（四川省成都市金牛区二环路北一段 111 号
	西南交通大学创新大厦 21 楼）
营销部电话	028-87600564　028-87600533
邮政编码	610031
网　　址	http://www.xnjdcbs.com
印　　刷	成都勤德印务有限公司
成品尺寸	148 mm × 210 mm
印　　张	7.5
字　　数	180 千
版　　次	2024 年 6 月第 1 版
印　　次	2024 年 6 月第 1 次
书　　号	ISBN 978-7-5643-9863-7
定　　价	68.00 元

序一

随着全球老龄化时代的到来，如何应对"银发浪潮"带来的挑战已经成为一个全球性的课题。从《"十三五"国家老龄事业发展和养老体系建设规划》到《"十四五"国家老龄事业发展和养老服务体系规划》，中国已经在制度层面为提升老龄事业的发展水平和完善养老体系做出了安排，旨在推动老龄事业和产业的协调发展，不断完善养老服务体系。在实践中，养老事业与"银发"产业的发展也受到了来自政府、社会、家庭以至个体的广泛关注。

我有幸与本书作者之一的吴茵教授结识多年，对于另一位作者、来自日本的长屋荣一先生的观点则有相见恨晚之感。长屋先生具有建筑师和养老设施运营管理者的双重身份，其源自亲身实践的对养老设施建筑设计经验弥足珍贵。能够率先阅读到这本书的手稿，让我真切地体验到了"先睹为快"的感受。因此，我真诚地愿意把本书推荐给广大读者。本书融合了理论与实践，通俗易懂，非常适合养老产业研究人员、设计师、管理者、护理工作者以及所有关心和热爱养老事业的读者。对于从设计层面提升养老设施的整体水平，本书具有重要的参考价值和实践指导意义。

在书的上篇，吴茵教授深入阐释了关于"社区嵌入式养老"的理念。作者从改变认知和环境的角度出发，探索了解决老龄化社会问题的新途径和机遇，全面介绍了在深度老龄化背景下，住宅、社区和机构的解决方案。文中图文并茂，案例和实操图示具有很强的实用性和启发性。

下篇则聚焦于养老设施，展现了长屋荣一先生多年研究的成果。长屋先生认为，优秀的养老设施设计不仅能更好地满足入住者的生活需求，还能为护理人员提供高效舒适的工作环境。我非常赞同这种设计理念，将人性化的运营与管理融入环境设计，这无疑是未来养老设施设计发展的趋势。

此外，本书还紧扣当前迅速演变的深度老龄化现象，以及伴随长寿社会而来的复杂问题，对丹麦、美国和日本三国的现状进行了深入分析，并结合我国养老政策的发展和变革，探索了在快速发展的老龄化进程中"社区嵌入式养老"模式的创新思路。

我们相信，通过相关各方的共同努力，未来我们一定可以创造出更加人性化、智能化、生态化的居住环境，让老年人在其中安享晚年，享受高品质的可持续居家生活。

清华大学建筑学院　周燕珉

2024年3月

序
二

现代科技快速发展，新模式、新业态不断涌现。在此背景下的老龄化全球态势和"长寿时代"需要人们思维方式的"改变"。而现在很多关于衰老、老年和老年人的常见观念和主观臆断都起源于过时的陈规旧习。因此，对于老龄化，对于健康、养老和照护，我们需要重新思考、重新判断和重新定义。而其中科学的理念尤为重要，因为，唯有科学的理念才是管长远的。本书正是基于这样的一种思考孕育而生。

应对老龄化是世界共同的话题，各国的老龄化特点和不同的国情决定了各个国家的应对策略。本书既介绍了先期老龄化国家的应对经验，也有深度老龄化且超规模老年人口中国的应对之策，既有他山之石和前车之鉴，又直面问题与挑战，更有如何谨慎应对的善意之谏。

长寿时代也存在着"长寿恐慌"。我们每一个人，包括老年人自己，如何看待衰老、老年和老年人？本书提出：作为"有形资产"的金钱固然重要，但金钱本身并不是人生奋斗的目标。在我们每个人的"美好生活"目标中，更需要关注的是"无形资产"——这就是幸福的家庭、珍贵的友谊、专业的技能、健康的身心等。而这些却常常被人们所忽视，但它们又时时刻刻在人的一生中发挥着至关重要的作用。

关于设施设计，作者主张"入住者居住舒适，介护者工作便捷"基本准则，提出了良好的环境设计，不仅能让入住者感到身心舒适，同时还能够最大限度减轻在机构中从事繁重劳动的从业人员的身体负担和精神压力。并从被照护者视角，通过案例介绍成为被入住者和介护者"选中"的养老机构。

总之，本书以健康老龄化、积极老龄化的理念为基调，以人文关怀为基点，通过理论梳理，个案分享，比较全面地进行分析和阐述，有理念，有观点，有案例，有图解，很有可读性。我觉得，无论是对应对老龄化的公共政策、制度设计、科技应用，还是设计、投资、运营、服务，乃至老年人及每一个家庭成员，都应该会有启发，或产生共鸣，引发思考。

宝剑锋从磨砺出，梅花香自苦寒来。这本书也是作者长期深度思考的成果。我于荣幸与喜悦之中看了书稿。也基于此，我非常高兴也非常乐意推荐这本好书。

上海市老龄科研中心原主任　殷志刚

2024年3月

《应对全球老龄化：养老机构与适老照护环境设计》的挑战与机遇

随着21世纪的脚步，我们见证了全球人口结构的显著变迁，尤其在许多发达国度以及部分新兴经济体中，老龄化的趋势愈发显著。这一变革不仅对社会经济的发展产生了深远的影响，更对养老保障体系、医疗服务、居住环境和设施建设等多个领域提出了前所未有的挑战。在这样的大背景下，《应对全球老龄化：养老机构与适老照护环境设计》一书应时而生，为我们搭建了一个平台，从改变认知和环境的视角出发，探讨解决老龄化社会问题的途径与机遇。

人口老龄化并非简单的一组数字，它映射出深刻的社会变迁，标志着人类文明的重要里程碑。得益于医疗技术的突飞猛进、生活水平的普遍提升以及生育观念的根本转变，人类的寿命不断延长，老年人口比重及失独老人数量持续上升。

这一现象既是挑战也是机遇：

挑战在于，我们急需为日益增多的老年群体营造一个安全、舒适、便利的生活环境，满足他们对医疗、康复、娱乐等方面不断增长的需求，同时应对由此带来的社会和经济压力。这要求我们从政策制定、城镇规划、环境设计、服务管理等多个维度进行深思熟虑的突破与创新。机遇则体现在，通过科学的设计和规划，我们有望打造出更具人性化、智能化、生态化的居住环境，让老年人在其中安享晚年，享受高品质可持续的居家生活。此外，这也将为银发产业带来广阔的发展空间，为经济的持续增长注入新的活力。

本书分为上、下两篇：

在上篇中，我们首先聚焦于我国面临的一个严峻挑战：超速发展的深度老龄化现象，以及伴随长寿时代而来的一系列复杂问题。这些问题不仅引发了深刻的社会困惑，而且直接触及了老年人生活中可能有的三大不幸——贫穷、疾病和孤独。面对这些挑战，我们呼吁社会各界提高警觉，积极做出调整，包括转变观念、改变行为习惯以及优化生活环境。

接下来，书中深入剖析了丹麦、美国和日本这三个国家在应对老龄化问题上采取的不同策略和实践案例。通过比较与分析，我们旨在从他们的成功经验和过往的教训中汲取智慧，以此为镜，警示我们必须坚持适合中国国情的解决方案。

最后，书中审视了中国养老政策的发展历程和变革，探寻在"超高速"老龄化进程中，"社区嵌入式养老"模式所展现的创新思路。我们从"点·线·面·体"的多维网状结构出发，深入探讨了在社区嵌入式养老框架下，如何构建养老设施与和谐的社区居住环境，以期为应对老龄化提供可持续、高效和人性化的解决方案。

下篇内容自成体系，是对日本福祉建筑领域著名设计师——长屋荣一先生专业成就的全面展现。他在2020年于日本出版了颇具影响力的著作『介護施設設計』（《介护设施设计》）。受长屋先生的邀请，并结合增加的中国实践案例，我有幸与他共同撰写此书。按原计划，这一部分内容应置于本书上篇，以彰显其独特的重要性。

　　然而，考虑到全书的结构安排，意在优先对全球老龄化的趋势与现状进行彻底的阐释，我们决定将聚焦于"日本机构养老"设计方法的长屋先生的专著内容，纳入下篇。这样的编排虽然出于无奈，但也使得读者能够在了解国际背景之后，更深入地探讨和理解长屋先生的专业见解和设计哲学。

　　长屋先生不仅是我的良师益友，更是在医疗与福祉设施的运营、管理以及建筑设计领域深耕多年的专家，他是为数不多的能够精通运营管理和环境设计的专业人士。长屋先生开创性地推动了一项实践：鼓励设计师们亲身参与他们所设计的机构的护理一线工作，这样他们能够直接从实际体验中收集反馈，将这些宝贵的一手信息融入未来的设计中，不断优化和完善。这种富有创意的评价机制，结合了设计师与使用者的双重视角，使得长屋先生在养老建筑环境设计方面积累了丰富的经验。下篇的内容，便是长屋先生在这一领域的设计哲学和经验的完整呈现，该部分不仅展示了他的设计理念，也是对他职业生涯的一次精彩回顾。

　　本书不只深探理论，亦是一部实操手册。我坚信，无论是养老产业的研究者、设计师，还是政策制定者、管理人员，乃至每一位对养老有所思考、正做准备或已身处其中的朋友们，都能在书中发现意义深远的见解和行之有效的策略。我由衷期望《应对全球老龄化：养老机构与适老照护环境设计》能激发广泛关注与深入讨论，为应对和解决全球老龄化问题贡献独到见解和实质力量。同时，我也盼望更多专家学者投身于这一领域的研究与实践，携手为构筑一个更加宜居的未来而共同努力。

随着全书内容逐步完成，我怀着满心的感激之情，向那些在创作旅途中给予我无私支持与协助的人士致以最真挚的谢意。

首先，我要向清华大学建筑学院备受尊崇的周燕珉教授表示深深的谢意。她不仅为本书的结构、内容和图像提供了宝贵的反馈，而且在我面临挑战时，她那富有智慧的指导与鼓励成为我前进的动力。

我还要向我的挚友蒲建丰先生和张思思女士表示由衷的谢意，感谢他们在本书撰写工作中给与的宝贵意见和专业协助，没有他们的鼎力相助，我的这项研究工作将难以达成。

此外，对于同圆设计集团股份有限公司医疗一院副院长韩延栋先生，以及吴茵工作室的蒋冕、刘俊良、周姝、雷倩、王菁、张曦予、兰茂林等所有团队成员的助力与支撑，我也深表感谢。他们的努力使我的工作进展得更加顺畅。

最后，我要向我的家人致以无尽的感谢。感谢他们的理解与包容，以及在我沉浸于书写世界时所给予的无条件的爱与支持。

吴　茵

2024年4月20日

西南交通大学九里校区扬华斋

目录

第3章
中国"超高速"老龄化发展下的创新智慧

下 篇

第4章
日本养老机构经营者的苦恼：
招不到老人入住，员工还总是跳槽

第 5 章
介护设施的设计要领：入住者居住舒适，介护者工作便捷

第6章
成为被入住者和介护者"选中"的养老机构：4个设计案例

上篇

吴 茵

第 1 章

超速的深度老龄化进程
让人猝不及防

1-1　深度老龄化是什么？"深度老龄化"的飓风

在深度老龄化问题越来越严峻的今天，当我们谈论深度老龄化的时候，我们在谈论什么？究竟什么是深度老龄化，是老年人越来越多，还是老年人越来越老呢？

1956年，联合国委托法国人口学家皮斯麦撰写并出版了《人口老龄化及其社会经济影响》一书，该书以65岁为起点，作为判别老年人年龄界限的指标。

但是，在老龄化的全球性发展过程中，人们又逐渐发现，由于人们的生活环境、生长条件和先天机体发育的各项差异，判断老年人的标准也应该有所不同。与此同时，随着许多发展中国家老年人口的不断增多，为了便于世界各国之间的比较研究和相互交流，在1982年的联合国"老龄问题世界大会"上，又将老年人的年龄界限，分别定义为了60岁和65岁。

因此，目前在阐述老龄化社会及相关概念时，常见有两种不同的数据获取情况：一种是以60岁（及以上）人口为标准，当老年人口所占的比例大于10%时，界定其为老龄化社会；一种是以65岁（及以上）人口为标准，当老年人口所占的比例大于7%时，将其界定为老龄化社会。

其中，当以65岁为标准的老龄化率超过7%时，又进一步被细分为"老龄化社会（7%~<14%）、深度老龄化社会（也称"中度老龄化"）（14%~20%）、超老龄化社会（也称"重度老龄化"）（>20%）"三个阶段（表1-1）。

我国早在2000年已正式步入老龄化社会，随后老龄化进程不断加剧（图1-1）。

表1-1　老龄化社会的三个阶段

老龄化社会		
老龄化	深度老龄化	超老龄化
7%～＜14%	14%～20%	＞20%

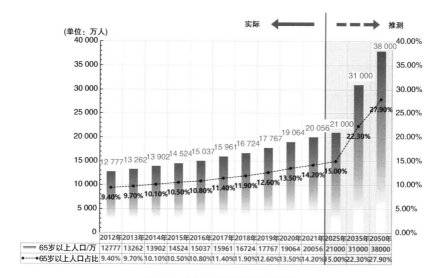

图1-1　中国老龄化的发展趋势

2022年9月20日，国家卫生健康委新闻发布会上卫生健康委老龄健康司负责人表示：

截至2021年年底，我国60岁及以上的老人已经达到2.67亿，占总人口比例18.9%；65岁及以上老年人口已达到2亿，占人口比重14.2%；"十四五"期间60岁及以上老年人口将超过3亿，占比将达到20%以上，我国将正式进入中度老龄化（深度老龄化）阶段。

2035年左右，我国60岁及以上人口会突破4亿，占比超过30%，这时，我国会进入重度老龄化（超老龄化）阶段。

2050年我国老年人口的数量、占比、老年抚养比、社会抚养比等都会达到峰值。

由于我国幅员辽阔、人口规模巨大，各省市的人口发展差别也较大，其中很多城市和地区其实早已步入了"深度老龄化"阶段。

根据中国2021年5月11日公布的第七次全国人口普查数据，在对除三沙市之外的336个地级及以上城市的人口年龄构成分析整理后发现，目前我国有149个城市65岁及以上人口占比超过14%，已经进入了"深度老龄化"阶段。从区域分布来看，这些"深度老龄化"城市主要集中在东北地区、中部地区、长三角区域、黄河中下游区域，以及成渝两地城市群。

其中，老龄化占比超过20%的"超老龄化社会"的城市有11个。按照其所在省区市的统计，四川省最多，有6个（资阳、自贡、南充、德阳、内江、眉山），江苏省2个（南通、泰州），辽宁省2个（抚顺、丹东），内蒙古自治区1个（乌兰察布）。

第七次人口普查数据显示，截至2021年我国65岁及以上老年人口占比到达14.2%，已经正式进入深度老龄化社会，面对庞大的老年人群体，如何做好"老有所养"的问题迫在眉睫。

同时，另一组数据显示，2020年中国80岁及以上高龄老人人口达到3 660万，预计2050年，80岁及以上老年人口数量将增至1.59亿，随着老年人口的高龄化、超高龄化发展，"老有所医"将变成老龄化社会发展中更大的难题。

深度老龄化的飓风已经扑面而来，人口结构的变化对经济社会发展的影响不容小觑，未来中国将面临深度老龄化发展所带来的，诸如经济发展问题、养老及为老服务问题、医疗健康问题等一系列的社会问题。2023年，中国已越过"深度老龄化"的红线，这突如其来的人口指标为我们敲响了警钟，在更多、更新、更严峻的老龄化问题面前，挖掘"中国式养老"智慧的工作也迫在眉睫。

1-2　深度老龄化的成因？　"婴儿潮"与"退休潮"

人口老龄化到底是由什么原因造成的呢？一般来说，大致可以归为3个大的方面：婴儿出生率的降低、人均寿命的增加以及人口结构的变化。

出生率的降低主要和随着社会发展国民教育水平提高、女性参与职场增多、生育观念发生变化、高育儿成本和计划生育政策影响等原因相关。而人均寿命的提高主要来源于医疗技术的进步、营养改善和卫生条件等方面的影响。

人口结构变化：过去的高生育率导致了人口的年轻化，但随着时间的推移，这些人逐渐进入老年阶段，导致人口老龄化高峰出现。这其中最为显著的一个影响因素就来自于各个历史时期中的婴儿潮。

如果按照连续每年婴儿出生人口超过2 000万计算，我国自新中国成立以来，共经历了3次婴儿潮。[①]（表1-2）

第一次出现在1949年—1959年，当时国家实行鼓励生育的政策，一个家庭生育四五个孩子的情况十分正常，人口增长率将近300%。但由于当时中国总人口基数尚小，此次婴儿潮人口的绝对数量并不大。

第二次婴儿潮是从1962年开始，1965年达到高峰，并持续至1973年（3年困难时期出生人口数量略低）。这是我国历史上出生人口最多的主力婴儿潮。这段时期，人口出生率为30%～40%，10年全国共

---

① 杨可瞻：《中国将迎来第四次婴儿潮》，中国经济网（http://business.sohu.com/20120825/n351497979.shtml）。

出生近2.6亿人，占当前全国总人口数的约20%。①

　　1986年—1990年为第三次婴儿潮，又被称作"回声婴儿潮"，是上一次婴儿潮新增人口进入生育年龄后产生的必然反映。但由于计划生育政策的实施，此次婴儿潮出生的人口总量不及主力婴儿潮，仅1.24亿，接近当前全国人口的10%。

表1-2　婴儿潮出生人口的年龄与重要经历

单位：岁

事件年份/年	事件内容	出生年份/年				
		1949	1959	1962	1965	1973
1966	—	17	7	4	1	
1976	—	27	17	14	11	3
1979	改革开放/计划生育	30	20	17	14	6
1984	改革深化/特区成立	35	25	22	19	11
2000	进入老龄化（7%）	51	41	38	35	27
2015	劳动人口峰值	66	56	53	50	42
2025	深度老龄化（14%）	76	66	63	60	52
2035	超老龄化（20%）	86	76	73	70	62
		第一次婴儿潮（1950—1959年）		第二次婴儿潮（1962—1973年）		

图示：▨ 前老龄期　■ 后老龄期和超高龄期

① 统计数据显示：3年困难时期后，连续4年中国人口出生数分别为1962年2 451万、1963年2 934万、1964年2 721万、1965年2 679万。

　　理论上，第三次婴儿潮的新增人口，在2010年前后应该迎来第四次婴儿潮，但是实际数据并不乐观，专家们预计的"第四次婴儿潮"和2016年全面开放二胎政策后的"人口出生高峰"，都没有如约而至。随之而来的竟然是2022年中国人口自1960年以来的首次负增长，人口增长率连续6年下降。实际上，不仅是在我国，全球都在面临人口寒冬下的"婴儿荒"。

　　如表1-2所示，这些在婴儿潮出生的人们如今已经陆续步入了退休年龄，开始了回归家庭的老后生活，并将在2025年"深度老龄化"阶段和2035年"超老龄化"（2035年）阶段，逐渐面临身心机能都严重退化并需要特别护理的"后老年期"和"超高龄期"的老后生活。①

　　第二代婴儿潮出生的人，最晚也将在2035年退休，在"少子化"与"老龄化"的双重作用下，"婴儿潮"将不复存在，取而代之的是来势汹汹绵绵不断的"退休潮"。

　　随着这一波异常迅猛的"银发浪潮"席卷中国大地，我国人口老龄化的发展也必将日益严峻。而与之密不可分的关于"如何养老？"的问题，也随之而来。

　　美国社会学、政治学家莫汉尼曾说："一个民族的文明质量可以从这个民族照顾老人的态度和方法中得到反映。"那么，在当今中国这个老龄化"惊涛拍岸"的非常时代，我们应该如何迎接它的挑战呢？

　　您，准备好了吗？

---

①　医学界把60岁以上的老人分为3种情况：60～74岁称为"前老年期"，75岁以后称作"后老年期"（其中，85岁以上的，被称为"超高龄期"）。总的来说："前老年期"老人身体一般比较健康，基本不需要护理和看护；"后老年期"老人的身体老化现象较为明显，日常生活中需要陪伴和照料；"超高龄期"老人则多需要专业人员的护理援助。

1-3 越来越快的进程？超速进程让人猝不及防

人口老龄化始于20世纪的欧洲，其中，法国、瑞典和挪威早在19世纪就出现了人口老龄化的端倪，到20世纪60年代，几乎所有的西方国家都进入了老龄化社会。

图1-2是各国65岁及以上老年人口占比，分别从7%到14%再到20%增长所经历的年数变化。即从"老龄化"到"深度老龄化"，从"深度老龄化"到"超老龄化"所经历的时间长度。

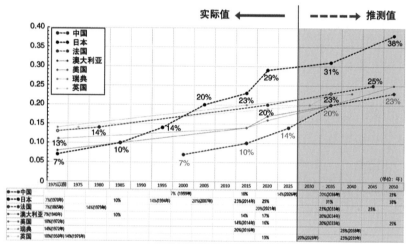

图1-2　世界各国人口老龄化的经年变化

世界各国的发展进程差异较大，主要表现在：欧洲国家进入老龄化时间较早，但发展速度缓慢，从"老龄化"社会到"深度老龄化"和"超老龄化"社会需要几十年甚至上百年的时间；亚洲国家进入老龄化时间稍晚，但发展速度非常快，以中国和日本为代表，从"老龄化"到"深度老龄化"和"超老龄化"的高速发展进程让人猝不及防。

日本从20世纪70年代开始出现人口老龄化现象，且发展速度惊人，是全世界人口老龄化背景下，社会问题最突出的国家。1995年开始，日本全面进入"深度老龄化"阶段。2007年，在短短12年的时间里，日本老龄化速度加剧，老龄人口比例突破21%，日本正式宣布进入"超老龄化"社会。

然而，据日本2018年版《高龄社会白皮书》统计数据显示，目前日本65岁及以上老龄人口已经达到3 515万人，占总人口比重的27.7%，即每4个日本人中就有1位老人。实际数据远远高于统计学上的预期，"超老龄化"所引发的诸多问题，给日本的社会与经济发展带来了空前的阻力。低出生率所伴随的"少子高龄化"的问题，也被称为当今日本所面临的"国难"之一，日本政府视"应对人口老龄化"的政策为基本国策，长期以来高度重视、践行探索并反复修正。

我国的人口老龄化现象虽然出现时间较晚，但由于经济发展相对滞后、人口基数非常庞大、发展速度异常迅猛，其所引发的社会问题也非常突出。

据媒体报道，2023年9月，中国人民大学老年学研究所相关负责人在北京接受媒体采访时表示：受1963年"婴儿潮"出生高峰的影响，2023年将是中国老年人口净增长最多的一年。同时，中国会进入人口老龄化迅速发展时期，老年人口将一直保持净增长，到2050年，60岁及以上人口将增长至近5亿人，预测2052年以后，老年人口的数量才会开始减少。

人口结构的整体巨变将带来传统文化与家庭结构改变的巨大冲击，农耕社会的传统"大家庭"将不复存在，取而代之的是核家庭背景下"421"家庭结构①所衍生出的"4"位空巢老人可能会面临的失

---

① "421"家庭结构是指，一对独生子女结婚生子后形成的家庭结构，即4位父母长辈、2个成年夫妇、1个子女的家庭结构。2个成年夫妇需要负担4个老人的赡养重任和1个小孩的抚养任务。

能失智风险、老老介护①压力、独居生活恐慌和悲凉无助的孤独死等诸多问题。

1-4 长寿时代的新问题？《百岁人生》里的"长寿恐慌"

如果你能活到100岁，你的生活会是什么样子？整整六七十年的时间全都得放在工作上，这个想法是不是太吓人？对你来说，拥有如此多的空闲时间，你是否该去寻找一个更加刺激的未来？

人类在工业革命以前寿命增长极其缓慢，平均寿命从公元前的20岁到19世纪初提高至37岁，使用了约2 000年的时间。但从20世纪初开始，人类寿命出现飞跃，从40岁骤然提高到了61岁。随着近100年里人均寿命的不断攀升，至2020年，中国人平均寿命已达75.4岁，人们已然进入了长寿时代。

《百岁人生》②是一本系统性讲述长寿时代下我们的工作、学习、生活等方面的诸多变化、机遇和挑战的十分具有前瞻性的书，这本书来自英国伦敦商学院经济学家琳达·格拉顿和心理学家安德鲁·斯科特为MBA学生开设的一门"百岁人生"课程，更是一本由大量数据所支撑的学术著作。它受到了彭博社、美联社等权威媒体的反复推荐，被评为2016年最值得阅读的十大图书之一。

21世纪初出生的人有50%的概率活到100岁，面对这个事实，作者运用当今社会学、经济学和心理学的研究成果和丰富的实践经验，

---

① "老老介护"是指需要护理照料的老人在家中，由同属老人的家庭成员进行照顾，比如同时高龄的妻子照顾失能的丈夫，或者六七十岁的老人照顾其八九十岁的父母的情况。

② 《百岁人生》，本书作者是英国伦敦商学院的琳达·格拉顿（Lynda Gratton）和安德鲁·斯科特（Andrew Scott）。书中主要内容来自作者为该校MBA学生开设的一门"百岁人生"课程。

向我们展示，如果活到100岁，我们的日常生活、工作、理财、学习和社交会发生怎样的变化，以及我们该怎么办。

在书中，作者为我们提出了未来关于"长寿时代"的三大预言。

第一，天降长寿，你可能会活到100岁。

第二，延迟退休势在必行，人工智能让老后就业面临巨大困难。

第三，三段式人生终将消亡，多段式人生已然登场。

1. 天降长寿，你可能会活到100岁

随着社会与经济水平的飞速发展，医疗科技的进步以及人民生活水平的日益提高，人类的寿命必定会越来越长。1999年在国际老年启动年会上，联合国前秘书长安南曾说："我们目前所生活的时代，人们给它赋予了各种各样的名称：冷战后时代、工业化后时代、国际互联网时代和全球化时代……今天，请允许我为它再增加一个新的名称：长寿时代。"

那么，人类所共同期盼的长寿的"天命"究竟有多长呢？目前国际上对人的寿命有3种推算方法：

第一种是由荷兰解剖学家巴丰提出的，采用生长期测算的方法。研究证明哺乳动物的寿命相当于生长期的5～7倍。由于人的生长期需要15～20年，由此推算人的自然寿命一般为100～175岁。

第二种是哈尔列尔等科学家采用的性成熟期测算法，证明了哺乳动物的寿命一般应为性成熟期的8～10倍。由于人的性成熟期在13～15岁，由此推算出人的自然寿命应为100～150岁。

第三种为美国科学家赫尔弗·利克采用的，细胞分裂次数与分裂周期的乘积计算法。由于人体细胞分裂为50次，分裂周期为3年，由此测定人的自然寿命应该为110～150岁。

综上所述，3种方法共同推测出人类自然寿命应该为120～150岁。

在《百岁人生》中，加利福尼亚大学等研究机构的最新权威数据也显示，从1840年开始，人类的寿命就在以平均每年大约3个月的速度递增。换句话说，也就是每过10年人类就可以多活2～3岁。在进入21世纪后，这个趋势还在加速，从2001年到2015年短短十几年时间，人类的寿命就增加了5岁。根据该研究机构的计算，"今天，一个出生在西方国家的孩子有至少50%的概率活到105岁。与之相比，如果这个孩子出生在一个世纪以前，它活到105岁以上的机会还不到1%"。

今天，在我们身边的"00后"中，每两个人里面，就有可能产生1个百岁寿星。显然，长寿的大礼，已悄然而至。

2. 延迟退休势在必行，人工智能让老后就业面临巨大困难

《百岁人生》里还分享了这样一个课程研究：伦敦商学院对MBA的学生做了一个有趣的调研，让他们设想自己活到100岁时的人生场景，并回答以下问题："如果你们活到100岁，将大约10%的收入存起来，并希望退休后能拿到最终薪金的一半，你们最早可以在多大年龄退休？"

答案，竟然是："80岁。"

而实际上，延迟退休的政策已然在世界各国开始执行，无可奈何却又势在必行。

长久以来，人类一直活在所谓"人生60年"的时代里。在这个时代，我们的生活被学习教育、工作职场、结婚生子等事件填得满满当当，而退休之后被称为"余生"的日子也是非常地短暂。

今天，科学的进步带来了人均寿命的不断延长，在不久的将来，人类将步入"人生100年"时代的新纪元。在这充满期待与欣喜的时代背景之下，人的一生将会出现"两次挑战"：60岁以前按照惯例开启的是职场挑战；60岁之后我们或有余力开启真正属于自己的，人生

下半场的兴趣挑战。然而按照《百岁人生》中的寿命概率：如果2000年后出生的"00后"，活到100岁的概率为50%，那么现在40岁左右的人，未来将有50%的概率活到95岁；现在60岁左右的人，将来会有50%的概率活到90岁。

但是，这是好消息吗？答案："是！但又不完全是。"

为什么呢？

因为，"向死而生"让长寿看起来更像是一场诅咒，毕竟它涉及虚弱、疾病、高额的医疗成本和各种各样的生存危机，最终却仍逃不过死亡的牌局。而且，和过去不同，今天在我们60岁、65岁甚至延迟退休之后，我们的人生之路依旧还有漫长的30~40年的时间。在这几十年的时间长河中，我们将要面临的第一个巨大的挑战就是财务问题。

但是，退休之后，我们的存款，在全球经济持续下滑和严峻的低利率高膨胀的金融环境背景下，究竟能够维持多久？我们的退休金真的够用了吗？

有人可能会回答："我可以兼职，可以工作，可以延迟退休，可以再就业……"

但是，人类的寿命虽然在不断增长，行业的寿命却是在一直缩减的。65岁退休之后，体能精力都日渐衰退的我们，真的还能赚钱吗？在就业率持续下滑的今天，究竟还有哪些岗位是为了65岁以后的老年人们所准备的？过去我们所熟悉的那些常规性的工作，未来不会被超速迭代的人工智能所替代吗？而"工作中空化"①的时代里，那些没有被人工

---

① "工作中空化"，指的是随着科学技术，特别是人工智能技术的进步与发展，那些处于高技能职业与低技能职业中间，可以用一套精确的描述性执行命令解决的"常规性"工作，被 AI 技术替代后所形成的，中间部分劳动市场需求中空化的现象。

智能所取代的工作，又有哪些是65岁后的我们所能够胜任的呢？……

面对百岁人生中汹涌而至的"长寿恐慌"，今天人们的自我认知，需要被更新和重启。我们应该时刻提醒自己：我是一个要活到100岁的人，我要提前规划我的人生，我必须终身学习，并努力成为一个适应性更强的，可持续成长的独立生产者。

3. 三段式人生终将消亡，多段式人生已然登场

《百岁人生》的第三个预言就是：传统的"三段式人生"终将消亡，"多段式人生"已然登场。

所谓"三段式人生"（图1-3），是指过去传统的生活方式把我们的人生划分成了界限分明的3个阶段：第一阶段学习（7～23岁之间的时间都消耗在学校中）；第二个阶段工作（23～60岁之间30多年的时间都消耗在单位里）；第三个阶段回家养老（退休后抱抱孙子、养养花、做做早操、跳跳舞就走到人生的尽头了，余生的时间都消耗在家里）。作为特定时期的历史产物，"三段式人生"在人均寿命仅有六七十岁的时代步伐下是成立的，但是，当人类预期寿命高达100岁时，"多段式人生"必将登场。

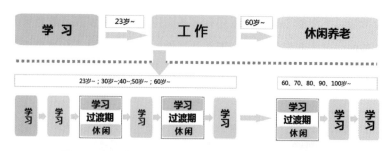

图1-3　传统的"三段式人生"向"多段式人生"的转变

所谓"多段式人生"（图1-3），是指我们的一辈子被分割成了四、五、六……甚至更多的小阶段，每个小阶段对应着各自的小主题、小目标，穿插进行，没有明确的界限，但是会有多个小间隔之间的过渡期。

这些过渡期非常重要，它们可能是休闲，可能是学习，甚至可能只是短暂的"躺平"或"放空"，但是"过渡期"却意味着面对新的目标与挑战，人们可以调整心态，建立新的思维与认知，充电休息之后再重新启航。譬如：十几岁时我们在学校学习，30岁后我们仍然可能重新回到校园；20岁时我们工作繁忙没有时间恋爱，40岁时遇到心仪的对象，我们可能放下工作认认真真地恋爱一场；50岁时我们毅然从公司高管的职位辞职，经过一段时间的放空与自修后，又重新开始创业；60岁创业成功以后，你又有可能决定回到学校再读一个新的学位……这些听起来不可思议的事情，都会成为未来生活的新常态，并伴随着自我革新与终身学习，贯穿在我们一生的任务之中。

今天，我们已经能够经历亲眼见证70、80乃至90岁高龄的父母依然健在的生活，而且从寿命上，我们当然也会自信"自己肯定也能活到这样的年纪"！

但是与此同时，我们又难免有所顾虑：当我们毫无头绪、没有目标、没有计划地走到这一天时，我们的生活还能够充实快乐、自由随意、幸福而从容吗？我们还能够满怀激情、自立自主地掌握自己的人生吗？我们为迎接优雅而快乐的老后生活做好准备了吗？

在三段式人生里，我们也许可以靠着20岁以前积累的知识与教育成本扛到50岁左右，50岁之后的技能知识虽然落伍了，但是还可以凭着资历继续混到60岁退休。但是百岁人生的时代里，50岁可能才刚刚度过了生命的二分之一，正是打拼和学习的时候，这时，上一代人的生活逻辑就不再成立了。

百岁人生里，我们的认知、三观、知识结构都会被反复地颠覆、重建，再颠覆，再重建……每个人都要有自我否定、自我更新的觉悟和意识，才能在不断变化的环境中终身学习、持续成长，并勇敢地迎接挑战。

1-5　深度老龄化的应对之策：传统养生哲学与"老前准备"

在接受从未有过的生命长度的同时，我们除了欣喜于生命的馈赠以外，是否也需要重新慎重地审视和思考与长寿一同到来的一系列新的人生课题？

2015年10月，世界卫生组织发布了《关于老龄化与健康的全球报告》，详细阐述了健康与老龄化的相关知识，概述了建立在健康老龄化概念基础之上的公共卫生行动框架，同时提出希望大家可以通过在"维持生理健康、确保心理健康和积极的社会参与"三个层面上的努力，保持均衡和谐的人生状态，从而享受高品质的老后生活。

俗话常说，老后人生有三大不幸：贫穷、疾病、孤独。正如前文所述，伴随着深度老龄化而来的长寿之礼，其实也必然带来了关于贫穷、疾病和孤独等相关的诸多问题。

1. 关于贫穷

首先，关于贫穷，在《说文解字》中，"贫"、"穷"二字分别指的是："贫，财分而少也"；"穷，极也"。"贫穷"的含义，主要是指财物、资源匮乏到几乎没有的情况。

而在实际的生活之中，财物与资源被统称为"资产"，资产是一个可以在多个时期内产生效益流的东西，它具有持续性的特点。今天，伴随着长寿时代的到来，在全球化经济形势不稳定的社会背景之下，资产的管理显然将面临极高的贬值风险，一旦使用或管理不当，资产就很容易随着时间的推移而减少。

对于大多数人而言，资产就是金钱与财富。但其实真正意义上的资产包括了"有形资产"和"无形资产"两种形式[①]（图1-4）。

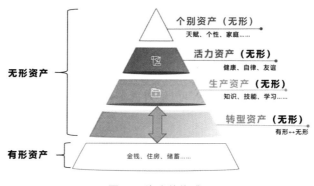

图1-4　资产的构成

作为"有形资产"的金钱固然重要，但金钱本身并不是人生奋斗的目标。人们努力赚钱，是为了拥有更幸福美好的生活。而在"美好生活"的目标中，"无形资产"的富足与否却起到了至关重要的作用。"有形资产"给我们带来的是可确定的直接财富，例如我们可以用钱买到健身课程、奢华的休闲度假套餐等；但是"无形资产"不仅能够直接带给我们快乐与幸福的感受，同时还可以为我们获得财富提供大量的支持。例如，美貌作为一种"无形资产"，可以让人更快找到工作、更早得到晋升，融洽的家庭关系有助于让我们在工作与学习上有更好的表现等。

---

①《百岁人生》第 4 章　资产篇：专注无价之物，资产富裕，第 101 ~ 141 页。

大家比较熟知的是"有形资产"，主要指住房、现金、银行储蓄、股票、基金、养老金等，这些很容易被定价和交易的东西。当然，也因为这些"有形资产"便于界定与评估，所以它在资产的决策和管理上也相对自由，易操作。譬如，房屋、股票等都可以随意买卖，有需要时还可以变现，用来购买养老保险、医疗保险或其他金融产品。

然而，"无形资产"，如幸福的家庭、珍贵的友谊、专业的技能、健康的身心等，这些却常常被人们所忽视，但它又时时刻刻在人的一生中发挥着至关重要的作用。"无形资产"的范围非常广泛，除了与生俱来的诸如优渥的家境、良好的基因、出色的禀赋等这种"个别资产"之外，还有一些是可以通过后天的行为和努力获取的资产，如"活力资产"、"生产资产"、"转型资产"等类型（图1-4）。

首先，"活力资产"指的是健康的身体、良好的心态、和睦的家庭关系、持久的友谊和爱情……这些能够让我们感觉到快乐、满足、幸福的东西。其中，健康的身体是享受长寿人生的基础，并且与高品质的老后生活息息相关。

譬如，一个人如果在50岁时就失去了健康，出现失能或者失智的情况，那么他的预期寿命越长，其生活的成本与负担也会越重，整体的生活品质必然会受到相应的影响：人的身体不好心情也会不好，消极的情绪又会影响到与家人和朋友的关系，使老人的社交圈紧缩限制其出行范围与频率，生活完全失去活力。而消极的情绪和长期缺乏活力的生活又会诱发"老年期废用综合征"，进一步影响到身心的健康，造成恶性循环……这些因健康造成的各种影响，会在老后的财物及非财务的问题上带来严重后果。

反之，如果一个人50岁时依然身心健康，保持良好的生活状态、积极的人际交往、旺盛的求知欲望，那么他不仅可以避免因疾病带来的医疗和护理上的成本负担，同时还可以通过终身学习，获取更多的诸如知识、技能、机会等可以直接提高工作生产力、促进收入增加和职业前景发展的能力，这些能力被称为"生产资产"。它可以有效地帮助人们在工作中更有成效并获得成功，是无形资产中非常重要的组成部分，也是最容易转化为"有形资产"的一种"无形资产"内容。

还有一种无形资产被称为"转型资产"。所谓"转型资产"有两层含义：一个是指人们拥有在"有形资产"与"无形资产"之间的转换与平衡的能力；另一个是指，人们对新知识、新事物的接受能力与保持开放的心态，它们主要体现在对世界和自身的认知能力及自我实现能力上。

在过去"三段式"的人生中，人的一生只有两次重大的转型：一次是从学生到职场，一次是从职场退休回归家庭。但是，在多段式人生中，从学校到职场、从职场到学校的转型可能会发生很多次，其中50岁前后的转型尤为重要，这时候的转型大致有两种类型（图1-5）：

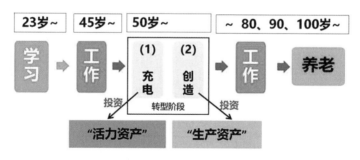

图1-5　多段式人生中的"转型资产"

一种是"充电式转型"。

它是指人们在经历了较长时间的工作，积累了一定的"有形资产"的同时，发现自己也耗费了很多珍贵的"无形资产"，这时所选择的，对自身的健康、家庭关系、人际交往等"活力资产"进行的新一轮的投资、修复与补偿。"充电式转型"固然重要，但是其范围和影响力仍有局限性，人们的活力虽然有所增强，但能够在不确定的未来，给人们带来安全感与信心的"生产资产"并没有得到有效的提升。

另一种是"创造式转型"。

"创造式转型"的重点是把金钱与精力都投注于可以提高生产力并创造新的价值的"生产资产"上，譬如，新的知识与技能、新的思想和观点、新的人脉资源等。

综上所述，资产的形式多种多样，"有形资产"是老后生活的基础保障，但"活力资产"才是幸福生活的动力源泉。著名的"伊斯特林悖论"（Easterlin's Paradox）①告诉我们：虽然富裕的人通常会更加快乐，但是平均幸福度与平均收入之间并没有直接的关联。也就是说，并不是收入越多就会越快乐，其间有一个临界点，在这个点达到之前，钱越多就越幸福，但当这个点被突破之后，幸福就与财富的增长毫无关联。所以，"广厦万间，卧眠七尺；良田千顷，日仅三餐"。真正的幸福，是在合理满足基本需求的基础上，充实并平衡好更多的"无形资产"，其中作为"活力资产"的健康、快乐、亲情、友情，在我们的老后生活之中尤为重要。

2. 关于疾病

年轻时靠不断透支的身体与精力所换来的财富，可能会因为一场疾病而耗费一空。作为"活力资产"的健康是如此重要，它不仅是创

---

① 该理论由美国南加州大学经济学教授理查德·伊斯特林（R.Easterlin）在1974年的著作《经济增长可以在多大程度上提高人们的快乐》中提出，又被称为"收入 - 幸福感悖论"。

造"有形资产"的基本保障，同时也是拥有快乐与幸福的先决条件。

然而，随着年龄的增长，疾病又总是紧紧地伴随着老化与衰弱而至，而且严重的疾病势必又会导致贫穷。正如每个人都会死去，老化的确是一个无法避免的问题，它是一条常常的抛物线，从婴儿出生的那一天开始悄悄地进行，并且从未间断。所幸，老化并不一定会导致严重的疾病。而真正会导致人们失能或者失智的，是长期的不健康的生活方式。

首先，老化可以被分为"正常老化"和"因病老化"两种。

"正常老化"指在未患其他疾病的情况下，大多数老年人所表现出的，具有共性但不可逆转的老化现象；如果人们可以从50岁或者更早的时期开始，注意保持健康规律的生活作息、采取营养均衡的饮食搭配，并且养成活跃积极的锻炼习惯，老化本身的节奏也会非常缓慢，虽然不可逆转，但是不会对我们的日常生活有太大的影响。

而"因病老化"，则是指由于"不良生活习惯病"和"老年期废用综合征"所导致的，老年人身体机能的加速退化所呈现的身体与精神上的病变。

"不良生活习惯病"指因为饮食失衡、压力过大、运动不足、睡眠障碍、吸烟饮酒等不适当的生活习惯所引起的，如高血压、高血脂、糖尿病等慢性疾病。

"老年期废用综合征"是指从年轻时开始，长期采用，不运动、不外出、不参与交流等缺乏活力的"躺平式"生活方式所导致的"废用综合征"。两者都会促使正常老化的过程加速，使得老化的症状非常明显，老后具有易生病、病后难治愈、不可逆等疾病特点。不过"因病老化"是能够通过积极健康的生活方式进行有效预防的。

老年人的疾病，主要来自早期的"因病老化"，而预防这种因

"不良生活习惯"与"废用综合征"所导致病变的有效方法，我们能够从中国传统的东方养生哲学中找到更加明确的启迪与方向：

中国传统养生经典《黄帝内经》在第一篇"上古天真论"中记载："上古之人，其知道者，法于阴阳，和于术数，食饮有节，起居有常，不妄作劳，故能形与神俱，而尽终其天年，度百岁乃去。"

《黄帝内经》首先认为人的正常寿命原本就应该在百岁之上。而那些长寿之人，大都懂得养生的关键是效法于天地阴阳的自然变化，调和于术数，做到日常的饮食要有节制，作息要有规律，不妄事操劳，身体与精神都保持积极健康的状态，才能做到真正的健康而长寿。

另外，《黄帝内经》"四气调神大论篇"中还记载："是故圣人不治已病治未病，不治已乱治未乱，此之谓也。夫病已成而后药之，乱已成而后治之，譬犹渴而穿井，斗而铸锥，不亦晚乎！"这段话开宗明义阐明了传统养生哲学中所秉持的"上医治未病"、"养生胜于治病"和"防患于未然"的健康生活预防观。

另一方面，在人们已然患病的情况下，"治未病"的观念则还体现在中医经络治疗时，暂时不治已经生病的脏器，而是遵循"实则泄其子，虚则补其母"①的五行相生相克原则（图1-6）去治尚无明显症状的脏器，把重点放在病灶的"母"与"子"的脏腑之上，而这也正是中国传统养生哲学中，把身体视作一个小宇宙的医学整体观的具体表现。

这就如同在公司的运营管理中，当发现一个地方出了问题，我们不仅要查明造成该问题的原因加以纠正，同时还要追踪排查下一个环节，警惕不要出现新的问题。

---

① 《难经·七十五难》："子能令母实，母能令子虚。"在五行相生的关系中，"水生木，木生火"。则肾（水）是肝（木）的母，心（火）是肝（木）的子。

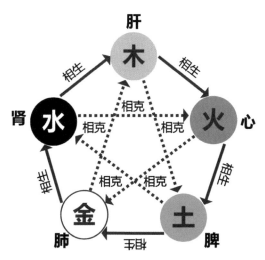

图1-6　中医内脏的五行相生相克关系图

　　总之，中国传统的养生智慧告诉了我们，无论健康、生活还是工作，我们都应该防微杜渐，防患于未然，把主动权牢牢地把握在自己的手中。同时，东、西方文化也不约而同地为我们指出了远离疾病的人生坐标：健康规律的生活作息、营养均衡的饮食结构、愉快而豁达的人生态度、积极活跃的日常锻炼。

　　今天，在新一轮"百岁人生"时代中的我们，应该汲取古人的智慧，提前做好"老前准备"。譬如，我们主张人们应该从50岁或者更早就开始做老后规划：

　　第一步，转变认知、调整心态，接受和预判未来自己因为身体变化、财物变化、人际交往变化、家庭关系变化等，可能会面临的问题，提前做好预案，找到适合自己的，老后生活的资产结构模型与平衡转化的办法。

　　第二步，最迟50岁开始为自己积累更多的"活力资产"：首要的当然就是健康，人们要有意识地加强身体锻炼、规范作息时间、调整饮食结构，形成并固化健康活跃的生活方式；其次，人们应该花更多的时间、精力在对家庭关系和友谊的维护上，通过更深入的交流与理解来唤醒可能因为工作和压力而冲淡了的亲情与友情。

第三步，"择一城终老，遇一人白首"，与人脉一样重要的还有居住的环境，甚至有时候环境能够比"人"更为安定可靠。无论如何，人这一辈子注定都是"独来（出生）独往（死亡）"，家人、朋友不一定都能够陪我们走到生命的尽头，但是良好的"终老环境"则可以完整地包裹到我们生命的最后一刻。因此，50岁时人们应该非常谨慎地选择自己未来打算终老的城市、社区、住宅，甚至是家里自己真正喜欢的装修风格与家具款式等，为自己量身打造一个，即使只有一个人，也可以安全、放心、快乐地走到生命终点的居家生活环境。

3. 关于孤独

心理学上有一个著名的社会支持护航模型（Convoy Model of Social Support）。该模型认为，社会支持来源于个体的家人、朋友及其他各个成员所组成的社会关系网络，这些网络成员，在个体的全生命周期中，犹如护航者一直捍卫着个体的身体健康与心灵成长。[1]

同时，在"护航模型"中，个体的社会关系网络，还会在各种社会关系的互动中，形成3个清晰可见的层级边界（图1-7）：[2]

（1）第一层是不会因为个体社会角色的变化而改变，具有非常安定的亲密关系的护航者。

---

[1] 刘素素：《老年人的社会关系研究概述：基于护航模型的视角》，《人口与发展》2016年第22卷第5期，第90~97页。

[2] 太田信夫：《高齢者心理学》，北大路书房2018年版，第32~33页。

（2）第二层是可能会因为个体角色而变化，时间太长比较容易改变的次亲密关系护航者。

（3）第三层是受个体的社会角色影响最大，并极易随时间而变化的易变关系的护航者。

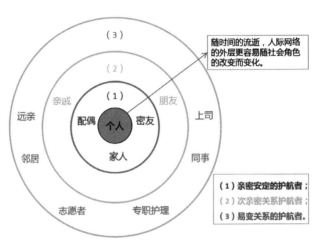

图1-7　社会支持护航模型图

相关研究还显示，个体的社会关系支持网络，是处于动态变化之中的。随着人们年龄的增长，其社交关系网络的数量与质量都会发生相应的变化：30岁左右是个体社交活跃度的顶峰，这时候其社交关系人群的数量最多；但是，此后随着年龄的增长，个体又会以缓慢的速度逐渐缩小其社会关系网络，筛选出高质量的社交关系，将更多时间与情感投入到给他们带来直接影响的护航者身上；然而，在60岁退休以后，原本就处于第三层"易变关系护航者"中的职场关系将会很快淡化与消失。

譬如，在退休之后，人们会迅速离开职场，日常生活的活动范围也会随之缩小，伴随着数量最多的"职场关系"的终结，"护航者"数量也会骤然降低，这种社交环境的突然改变，很容易形成老年人"孤立化"的生活状态，而老后生活中常常可能遭遇的丧偶、贫困、疾病等人生变故，在一定程度上则会加重老人这种孤独的感觉。

那么，孤独究竟是好是坏？对于老年个体而言，是拥有丰富的社交网络过积极活跃的老后生活好？还是从繁杂的社交网络中抽离出来，过平平静静的生活更好呢？

诚然，在中国传统的价值观中，"孤独"一直是一个贬义词。《孟子·梁惠王下》中对"孤独"的定义是："老而无妻曰鳏，老而无夫曰寡，老而无子曰独，幼而无父曰孤。"这种鳏寡孤独的生活，无依无靠，没有保障，定是悲苦到了极点。

然而今天，我们的社会与生活都有了很大的改变，人们的思想意识也在不断地革新。在大量的文学作品之中，我们可以看到对"享受孤独"的丰富描述。孤独，已不再是一个贬义词了。《恰如其分的孤独》一书，将孤独分为3种类型：自我封闭式孤独、被动孤独、主动孤独。作者认为，自我封闭式孤独是一种极致的自恋，指不愿与人交往，对别人不感兴趣；被动孤独是被排斥、被边缘化，指渴望交往却无法融入其中；主动孤独是主动地选择从人群中抽离，和自己呆在一起，并且能够感觉到舒服与享受。

前两种"孤独"相对消极，会给我们带来痛苦、无助的感觉，甚至会危及我们的健康。但主动孤独却拥有让人振奋的积极效用：例如，主动孤独，可以帮助人们摆脱不必要的人际交往负担；可以腾出更多的时间去做自己真正感兴趣的事情；可以更容易达成自我实现，帮助我们"做自己想要成为的那个人"。

所以，在社会关系支持网络持续不断的动态变化中，孤独对于老年个体的幸福感，既可能产生正面影响，也可能产生负面影响。

当然，这种具有积极作用的"主动孤独"也是需要努力适应与创造的：首先我们要能够了解自己、理解自己、倾听自己内心深处的声音，知道自己真实的需求是什么；同时，我们也要尊重他人、理解他人、注意边界意识、提高交往品质，共赢互助，与他人建立更深层次的有意义的关联。

无论我们愿意接受与否，未来"儿孙满堂"、"承欢膝下"的景象将一去不复返，取而代之的则是，老夫老妻的空巢家庭、老老介护的艰难陪伴，甚至是无依无靠的孤独终老……这些都将会在不久的将来，成为老后生活的新常态。主动孤独，虽然可以让我们的精神生活变得健康而豁达。但是，面对因老化与疾病而日渐孱弱的肢体，我们又该如何应对呢？

答案是：择一"域"终老。这里的域，是指为自己寻找一个安全放心的，可以支撑人们独自生活的区域（社区、住区、机构）环境，让这种高品质的"区域环境"，完整地包裹住我们的生活，直到生命的最后那一刻。然而，要实现高品质的独居生活，在居住环境建设上就必须从以下4个方面入手，充分保障老后生活的自由度与自主性（图1-8）。

（1）要确保相对独立的个体空间：个体空间是人们日常生活的最小单位，也是保障每个人日常生活节奏、个人隐私和亲密人际关系的基础，同时它更是人们精神生活的据点。特别是对于身心衰弱不得不单独入住养老机构的老人来说，拥有一个完全独立、舒适愉悦的个体空间更是其幸福生活的物质基础。关于养老机构个体空间的环境营造方法，在本书由长屋荣一先生所著的《介护设施设计》部分，有详细的介绍。

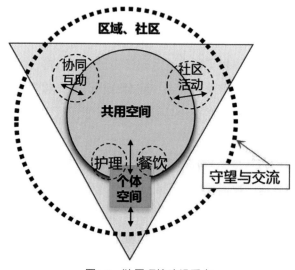

图1-8　独居环境建设重点

（2）要提供多样化的共用空间：正因为人们越老越容易感觉到孤独，所以在老年人居住比例相对较高的地方，人们开始渴望与非亲属关系的人群建立更多有意义的联系，希望大家可以常常"聚在一起"生活。但是，因为老年人都有自己的个性特点和各自不同的人生经历，使用共用空间的老人并不喜欢进行整齐划一的行动，相同经历的老人或志趣相投的伙伴们更愿意以小群体的方式独处，因此，为不同需求的群体提供相适宜的空间支持就变得非常重要。共用空间的设计方式，在第3章"从社区里生长出来的养老据点"，和长屋荣一先生所著的《介护设施设计》部分，都有详细的介绍。

（3）居住空间要做到"外向开放"：我们的居住生活，原本就是以"家"为中心，根据不同的，诸如购物、办事、工作、看病、散步等出行目的，逐步地向社区展开，并随之形成规律而稳定的生活圈域的。所谓的居住，正是要老人们能够作为社区中的一员，在这样的生活圈域中安全舒适、愉快便捷地生活。因此，外向开放的居住环境设计重点在于，"既要让老年人能够方便地走出去，又能让周围人可以轻易地走进来"的住宅、机构、社区的整体规划，和"点·线·面·体"的空间布局上。该部分内容，详见第3章"友好社区环境的点·线·面·体"。

（4）提供能适应各种变化的弹性空间：人类的行为与活动能力，总是会随着老化程度的加重而逐渐下降。因此，居住环境的设计应该充分考虑到这种，伴随着老人的日常行为活动能力降低，而无法适应和使用原有住宅的情况。设计师应该提前考虑到老年人在身体老化后，可能出现的各种能力障碍阶段情况，并有计划地为不同障碍类型，提供相适应的环境解决方案。该部分内容，详见第3章"顺应身心的长寿住宅"。

1-6 小结：势在必行的转变

无奈，中国传统文化里，四世同堂、儿孙绕膝共享天伦之乐的温馨画面终将一去不复返；病榻前，在亲友们的共同陪伴下走完生命最后一程的景象，也只能在电影的片段中得以重现。时代的车轮碾压着大家族生活中一切美好的图景，以势不可挡之力把我们拉回独立，拉回自我，并最终拉向共同的宿命——老后孤独。

如果生命是一场祝福，要如何打破这消极底色下的世纪难题，突破自我拥抱挑战呢？

答案只有一个：做出改变！

所有的危机里同时也潜藏着破局的契机：我们首先要改变认知，了解长寿的问题与意义，尽早规划人生；改变习惯，从简单的行为转变开始，逐渐养成健康积极的生活习惯；改变环境，小到一草一木，大到空间格局，随时做出调整，为自己和他人创造出更加安全舒适的居住环境。

随着全民对于老龄化问题由远及近的认知、接受到逐渐转变，我们每个人都能主动拥抱问题、积极应对困难。相信在政府、社会和个人的共同努力下，天降长寿终将变成一场真正的祝福。

第 2 章

他山之石与前车之鉴

目前全世界发达国家的养老政策和老年人福利制度各有不同，可以根据各国不同背景下各自的社会保障体系及相关政策制度，从其负担的社会主体，及其担负的程度上分为"高负担高福利"（北欧）、"低负担底限福利"（美国）、"中负担中福利"（日本）的三大类型（表2-1）。

表2-1　发达国家的养老政策和老年人福利制度[①]

项目	美国	丹麦	日本
进入老龄化	1945年	1890年	1970年
老龄化程度	12.4%（2005年）程度较轻	14.9%（2005年）程度较重	20.8%（2005年）程度非常严重
形成特征	高出生率、大量移民涌入	呈负增长，但恶化趋势不明显	急速恶化，呈"少子高龄化"趋势
福利制度特点	低负担、保证最底限	高负担、高福利	中负担、中福利
风土特征	独立性、自由与自主性（自治）	独立性、公平性（普遍性、生活独立）	自制性（自助、互助、公助）、公平性

2-1　高福利政策的经验（丹麦）

丹麦自2002年以来，3次被联合国《全球幸福指数报告》评为世界最幸福国家，更多次高踞前列，其极具特点的养老政策和老年人福利制度也是丹麦人民高幸福指数的重要保障之一。

丹麦位于欧洲大陆西北端，地处波罗的海和北海之间，南与德国接

---

① 该部分内容参考文献：吴茵，万江. 日本老年人福利制度的变迁与养老设施的建设 [J]. 住区，2012（1）：143-150。

壤，北、东两面隔海与挪威、瑞典相望，国土面积4.3万平方千米，共设14个行政区、2个特区和279个市县。2015年，丹麦全国人口约为560万，老龄化比例为23.8%。另一方面，有数据显示丹麦人口超高龄化发展趋势较为显著，预计到2030年，丹麦80岁及以上的人数将从2010年的22.7万增加到40.2万，而且到2050年，该数值还将增至55.5万。

1. 丹麦养老制度发展的5个阶段

作为全球养老系统建设相对完善的国家，丹麦推行养老制度较早，并经过了近100年的探索与发展，最终形成了适应本土化、在地化发展的社会保障体系。其养老制度的基本发展大致可以分为以下5个阶段。

阶段一：贫民救济阶段（1890年以前）。

丹麦最早的养老模式要追溯到1890年以前，当时国内尚无独立的老年人社会保障制度，老人的老后生活主要还是在家依靠子女赡养，而那些独居或没有收入来源的老人则被最早的社会福利机构"贫民院"所收容。

阶段二：援助养老阶段（1891—1932年）。

然而，丹麦作为以农业为经济支柱的国家，农场工人的养老问题一直深受政府与社会的广泛关注。20世纪70年代因欧美部分国家低价倾销农副产品而引发的"玉米销售危机"，给丹麦农场主及农场工人的生活造成了严重打击，以此为契机，社会整体的福利意识却逐步增强，在社会形势及民众抗争的双重压力之下，政府也不得不担负起了社会福利的责任。

1891年"老年人援助法"的出台，揭开了丹麦社会保障制度建设的序幕，其中该法案所提出的"老年年金补助法"也标志着相对独立的老年人养老金制度的基本确立。该法案规定60岁以上的老年贫困者

（过去10年未享受扶贫援助者）中，生活能够自理的老人可以领取来自政府的一定数额的养老金，生活不能自理的老人可以选择入住养老院。但是作为机构养老的入住条件，老人必须放弃自己的公民权，这一点又深刻地揭示了该阶段社会福利制度的片面性与局限性。

阶段三：国民养老阶段（1933—1959年）。

1933—1959年为国民养老阶段。在丹麦，直到1957年"国民养老金法"成立之后，老年人的权益才得到了根本的保障。该阶段主要强调机构养老的高效性、私密性及人性化设施的建设，与此同时，相对完善的丹麦养老机构代表——"老人之家"也得到了快速的发展。

阶段四：生活援助阶段（1960—1986年）。

1973年制定、1974年实施的"生活援助法"，与1974年制定的"家庭医生制度"奠定了丹麦老年人福利与医疗的社会保障基础。为了更好地贯彻与落实社会福利保障法案的相关规定，1979年丹麦政府还专门设立了"老年人政策委员会"，提出了如图2-1所示的建设老年人居住场所时应遵循的3项基本原则与措施。

●"老年人政策委员会"提的老年人福利居住场所"三原则"

●"三原则"对养老设施的影响

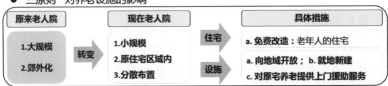

图2-1 老年人居住场所"三原则"的具体内容与措施

"三原则"分别是指：连续性原则、自行决定原则、发挥老人残余能力的充分自立原则。

（1）连续性原则：保持老后生活的连续性。老人要尽可能选择原宅养老，对于不能原宅养老的老人，应该允许他们携带自己的家具或日常用品入住养老机构，以保持原有生活的连续性。

（2）自行决定原则：应该为老人提供多样化的适老居住模式，让老人保留自行选择和决定居住场所与生活方式的权利。

（3）发挥残余能力原则：护理时要以老人的自立生活为目标，认真观察与评价老人的身心障碍情况，为其提供必要的护理援助，避免提供包办式服务与过剩服务。

"三原则"强调更有针对性的援助服务，避免了因提供不必要的服务而产生的资源浪费。在老人的居住环境建设上，提倡停止新建养老机构，通过对既有设施的改造改建提升机构环境品质，并积极鼓励机构服务向地域辐射。机构建设向小规模分散式发展，通过社区嵌入式服务对原宅养老提供必要的软件支持。

阶段五：在地养老阶段（1987年—　　）。

1987年之后丹麦持续不断地推进"原宅养老"的在地化发展策略。首先，丹麦政府积极推行了弹性退休政策，60～67岁的老人由政府用养老金补贴工资收入，年满67岁公民则可以直接领取政府养老金；其次，在住房政策上，由政府负责专门修建和管理老人住宅，同时由政府部门审批，为符合援助条件的老人提供24小时不间断并且可以根据老人意愿自由组合与选择的医疗、护理和家庭服务。

2. 软件服务环境的建设

丹麦是世界上第一个率先废除了机构养老的国家，养老模式主要为原宅养老，其养老体制的建设严格遵循由"老年人政策委员会"提出的三项基本原则，分别从软件、硬件和居住环境的建设三个方面不断创新发展，最终形成了完备的在地化社区养老居住体系，成为影响世界各国养老意识与环境发展的模范标准。

丹麦的软件服务内容主要包括：①短期和长期两种上门家政服务；②为术后病人或半自理及不能自理的老人提供的上门护理服务；③为75岁以上老人提供的预防式老年人家访服务；④为需定期往返医院及福利机构的老人或残疾人提供，由政府、社会组织（NPO、NGO）、出租车公司等多元化主体提出的交通接送服务；⑤为不能自己做饭的老人提供每天一次的免费送餐（午餐）服务等。

这些服务提供与否，事先需经过政府判别认定。一般认定团队是由家政服务人员、社会工作者和专业医疗机构职员共同组成。为了避免过度服务和资源浪费，政府和指定的认定团队还会定期进行持续观察，以判别老人的服务是否需要增减，或者是否有必要继续提供。

3. 硬件环境的综合建设

在硬件服务上，丹麦政府除了为相对健康的老人提供娱乐交流之用的"老人活动中心"，还设有专门的照护养老机构，分别为不能自理的老人提供日间或者夜间的托管照护服务，同时也可上门为原宅养老的老人提供日间或夜间的上门护理服务。

此外，政府还提供专门的辅助器具，以满足老年人日常生活的需求。市、区、地方政府一般提供小型器具，如专用餐具、助听器、轮椅、手杖、升降机等，省级政府则设有大规模器具中心为老人服务。这些专用辅助器具均由各级政府负责管理，包括器具的购置、保管、调配等，并无偿租借给辖区内的老人使用。

4. 老年人专用住宅建设

住宅建设方面，丹麦政府将重点放在对既有住宅（原宅）的改造上，同时对新建住宅也制定了严格的规范和法规，保证了住宅环境的适老性和老人居住的舒适性及其多样化居住模式的选择。

在原宅改造上，首先有法律依据的强力支撑，《社会服务法》严格规定要对身体机能低下的居住者提供住宅改造服务，并由市、区、地方政府组织专业的评估团队，决定申请的住宅是否满足免费的要求，且无论自有住宅或租赁住宅只要获得住宅免费改造认定的，均可为其提供免费的改造服务。

在新建住宅中，一般自立老人入住的住宅由地方自治体、NPO或者非盈利住宅协会修建，要求建筑面积每户67 m²以下，各户均有厨房、厕所、浴室，具备无障碍设计，并安装24小时紧急报警装置，住宅公共空间部分则应具备完善的会议、休闲、洗衣以及共用起居室等诸多功能室。

对于需要照护的老人和认知症（阿尔茨海默病）患者，则由国家补助修建或者与大型机构合并设立专门的照护型住宅，设计要求建筑面积每户40 m²左右，整体规模通常控制在10户以下，并要求有更多的公共空间。

另外，最近丹麦还盛行一种互助型养老住宅模式，又称"共同住宅"。它是在普通自立老人的原有住宅与新建住宅之间建立共同室，通过社区的组织模式形成共同生活相互照顾的生活方式，以此达到互助型养老的目的。

丹麦的Sophielund(索菲伦)社区就是典型的公寓型老人居住社区（图2-2），老人的住宅单元根据不同需求分为老年夫妇使用的三室型、单身老人使用的两室型和认知症老人的特别护理栋，均为单间型，并配备完备独立的生活空间和设施。

　　社区内则专门设有公共的活动中心，具备各类适合老人的娱乐设施，还有专门针对认知症老人的康复指导、足底按摩等服务，同时也有各种春游踏青、旅行等企划型活动。此外，活动中心还有由政府提供的餐饮服务，其中，餐前准备、餐后清洗、食堂经营、生涯指导等很多工作都是由社区内志愿者担任的。（图2-3、图2-4）

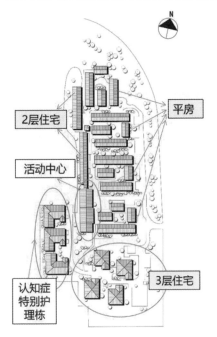

图2-3　丹麦Sophielund（索菲伦）公共活动中心手工活动

图2-2　丹麦Sophielund（索菲伦）社区平面图

图2-4　丹麦Sophielund（索菲伦）公共活动中心保龄球室

2-2　保底线福利政策的经验（美国）

1. 美国的福祉政策

美国的社会保障制度由联邦退休金制度、企业退休金计划、个人退休金计划三部分组成，其中联邦退休金制度由美国社会保障署管理，企业退休金计划由各企业或人寿保险公司及资产管理公司管理，而个人退休金计划由个人选择银行、人寿保险公司、投资公司等来管理。

美国的社会养老保障制度是典型的三支柱模式[①]，有以下3个主要特点：

（1）以家庭为基础

美国的社会养老保障制度始建于20世纪30年代。当时正处于美国经济大萧条时期，出现了大量的银行倒闭、企业破产、失业人群陡增等不稳定现象，社会矛盾十分尖锐。为了扭转危机、缓和矛盾，1935年罗斯福总统签署了《社会保障法案》（Social Security Act），建立了针对退休员工的老年保险计划。

1939年，美国修订了《社会保障法案》，在原法案的基础上增加了两项扩展：①保险受益者由退休员工扩展为其配偶与未成年子女；②增设了向已故退休员工的家属支付的"遗属金"。该修订法案实现了美国社会保障制度，由个人为中心的退休金制度，向以家庭为基础的社会经济保障制度的转变。

（2）三支柱的保障体系

美国拥有典型和完善的三支柱退休金保障体系，其中"联邦退休金"是第一大支柱，以实现收入再分配为重点目标，其主要功能是保障低收入群体的老年收入水平，并且"联邦退休金"不允许入市投资，该部分基金为90%以上的劳动者提供了基本养老生活保障。

同时，美国拥有发达的第二、第三支柱退休金保障体系，分别为"企业退休金"和"个人退休金"。美国的私人养老金（"企业退休

---

① 参考文献：IKENBERRY G J T. Expanding Social Benefits: The Role of Social Security [J]. Political Science Quarterly, 1987, 102(3):389-416.

金"和"个人退休金"）储备远超于美国同期的GDP规模，它为美国的中高收入群体提供了更为充裕的养老财富储备，是中高收入群体老年收入的主要来源。

发达的第二、第三支柱"私人养老金"，为美国资本市场注入了稳定持久的资源动力，成为美国资本市场的最大机构投资者，是美国资本市场稳定的基石。资本市场的稳定和发展反过来又促进了养老金的保值增值，从而形成了私人养老金与资本市场互利共赢的格局。[①]

（3）低负担保底限

正因为上述美国的第二、第三支柱"私人养老金"安全持续的良性发展，作为美国第一支柱的"联邦退休金制度"，才能实现全国统一的"低负担保底限"的政策目标。

首先，美国社会保障制度采取的是全国统筹的统一模式，针对的是个人，而不是地方或区域，它的计算方式也是基于全国性指标进行的。这种基于个体全国统一的政策设计模式，一方面维护了市场统一，有利于劳动力在全国范围内的自由流动，避免了流动时出现的关系转移和权益接续的问题；另一方面保障了地区公平，通过地区间的平等竞争促进地区均衡发展。

同时，美国的社会保障制度，通过"退休金分级点"和"替代率权重"两个手段，实现了收入再分配的"低负担保底限"理念。首先，"退休金分级点"把参保人的工资进行分级；其次，按照"低收入者加权重，高收入者减权重"的原则，通过制度内的强力再分配，实现了低水平缴费（雇主与雇员缴费率相同，均为6.2%）下的制度"保底限"功能，并且没有把"保底限"的财务负担转嫁给公共财政。

---

① 参考文献：施文凯，董克用．美德两国基本养老保险待遇确定机制的经验与启示 [J]．社会保障研究，2022（4）：89-97.

2. 美国的养老环境

美国传统生活观念强调个人独立和自立，一般只有上一辈对下一辈的抚养，子女成年后，父母均独立生活。因此老年人退休后会搬到公寓生活，减少日常劳动，随着自理能力的减弱，又会逐步入住老年公寓、康复设施等，最后当老人自理能力完全丧失后多会选择住进养老院或者护理院居住。

由于美国老年人的养老模式主要为机构养老，所以其机构的划分较为细致，根据不同健康状况的目标人群，分别设置自护型、助护型、特护型等多类型机构（表2-2）。各种类型的养老机构又都有公立和私立两种，其中私立机构的环境条件较好，但入住价格普遍较高。

表2-2　美国养老机构类型

名　　称	特　　点	主要目标人群
自护型公寓 Independent housing units	住宅成组团布置，设置简单公用设施	健康状况良好，完全自理者
老年公寓（集合住宅） Congregate housing	公用设施较完善的独立式公寓，单间式套房	健康状况良好，完全自理者
养老院 Congregate housing	多单床间，有较完整的公用设施和生活专护设施	生活自理能力低下者
助护型护理院 Assisted living facility	集居住单元、家政服务、简单医疗护理为一体	生活自理能力低下者、轻微病患
特护型护理院 Skilled nursing housing	比养老院有更完善的医疗护理设施	部分或完全丧失自我护理能力者
老年养生社区 Life care communities	各设施综合布局的老年集中居住区，规模较大（eg: sun city）	具综合性、持续性特点，适合各类人群

持续照料型养老社区（Continuing Care Retirement Community，简称CCRC），是美国颇具代表性的老年养生社区中的一种，具有典型的美式养老特色。CCRC的原型为美国教会所创立，在美国的太阳城项目中备受关注与好评，它通过为老年人提供从自理生活到介护、特护服务的一体多元化的居住设施来实现老后社区生活的持续性。

这些社区均为综合性养老社区，以老年人为居民主体，各种设施齐全，并根据老人需求设置不同功能类型的居住生活产品。以强调老人自立、提高生活质量为社区理念，成为美国特有的一种可持续发展的社区养老模式。

以亚利桑那州太阳城为代表，其占地14.5 km²，距离凤凰城23.4 km，距离图森市（Tuson）209 km（图2-5）。以打造"自立/成熟的社区"、呼吁"精彩地走过人生"为开发理念，入住主体为55岁以上的老年人。具体的入住条件比较苛刻：要求居住者中，至少1人必须在55岁以上，其他成员必须在19岁以上；19岁以下儿童1年居住时间不能超过3个月；虽然19岁以下儿童不能常住，但是拥有该房屋的继承权。

社区内的物业类型从老年人自身需求出发，根据老人自理能力的不同分别针对性设置了：活动自理型社区，多为独栋别墅，给55岁以上生活完全可以自理的人群居住；高级人士出租型公寓，是以出租的形式为高收入人群提供短期居住的公寓；持续照料型退休社区（CCRC），根据需求在社区内部提供不同层次的照料服务；退休社区，以出售或出租的形式，提供给生活完全自理的退休人群居住。

在服务形式上则有：专门为阿尔茨海默病患者提供的特别护理服务；为住在社区单元中的生活不能自理的顾客提供的辅助生活全方位照料服务。另外，在专业护理机构中，既可以以单独的形式进行专业护理，又可以在"辅助生活"的服务之中提供专业护理。分类详尽，可谓面面俱到。

除此以外，社区内满足老人生活和娱乐休闲的设施也非常完备。社区内设置了7个健康娱乐中心（图2-6），拥有1家355床的地方医院和3家区域医院，设置了15家银行，并有行政办公、消防、警察、法院等政府行政机构，公共事业公司齐全，同时还有高尔夫球场11个和130多家有经营权的俱乐部，充分满足了老人生活休闲的各类需要。

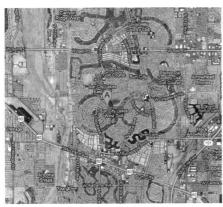

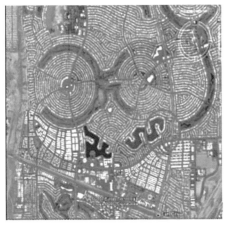

图2-5　亚利桑那州太阳城

图2-6　7个健康娱乐中心

2-3 中福利政策的经验（日本）[①]

"老龄化"问题最初出现在福利保障制度历史悠久的欧洲。首先是法国（1865年），而后，丹麦、瑞典、德国等其他国家也在20世纪先后步入了"老龄化社会"的行列。

1970年，日本65岁及以上老年人口比例业已超过7%，开始步入老龄化社会；1995年，该比例达到14%，即由老龄化社会转而迈入深度老龄化社会；2007年，在不到10年的时间里，日本老龄化速度加剧，老龄人口比例突破21%，日本正式宣布进入了超老龄化社会；据日本2018年版《高龄社会白皮书》统计数据显示，当时日本65岁及以上老年人口已经达到3 515万人，占总人口比重的27.7%，即每4个日本人中就有1位是65岁及以上的老年人。深度老龄化所引发的诸多问题，给日本的社会与经济发展带来了空前的阻力，"少子高龄化"问题被称为当今日本的"国难"之一，日本政府视应对人口老龄化的政策为基本国策，长期以来高度重视、践行探索、反复修正。

"中负担中福利型"福利制度是日本福祉政策的主要特征。它强调国家、社会、个人一起建立起完善的社会互助共助体系，认为社会福利的服务项目应由国家和正式的各类组织机构来共同承担。

20世纪70年代，日本家庭的"空巢"现象十分严重，伦理学家提出了"一碗汤距离"的概念，即子女与老人居住距离不要太远，以送过去一碗汤而不会凉为标准。这样，子女既有自己的世界，又能够方便照顾长辈。近40年来日本养老政策在不断汲取欧美等发达国家的经验教训的基础上，结合本国的实际情况做了深入的探索与研究，形成

[①] 该部分内容参考文献：吴茵，万江. 日本老年人福利制度的变迁与养老设施的建设 [J]. 住区，2012（1）：143-150.

了一套由国家、公共社会、各类（营利+非营利）组织、个人与家庭共同负担起来的多元化社会互助共助式综合性格局。其优点在于，将沉重的养老负荷向各主体分散，在减轻传统养老带来的家庭负担的同时，也极大地缓解了社会养老给国家财政带来的巨大压力。这些成功的经验与教训非常值得我们学习与借鉴。

日本的福利制度开始于20世纪60年代。老龄化又是伴随着70年代经济的快速增长共同到来。这些突如其来的变化，使日本的福利制度在之后的半个世纪中，不断地经历着制定、修改，再修改，再制定的曲折历程。

● 趋势：康养生态建设的"盆栽三叶草"[①]

日本针对老年人居住环境的政策主要着力于住宅、机构、社区这三个部分。最初的居住环境政策始发于20世纪60年代关于公营住房的老年人应对措施，之后被纳入1986年日本颁布的为应对社会整体人口老龄化而制定的一项综合性政策体系"长寿社会对策大纲"之中，并定格于以确保老年人居住安定，形成安全宜居的适老化生活环境为目标的《住宅·生活环境建设体系》政策上。

如图2-7所示，在长达半个多世纪的时间里，日本养老政策发生了很多转变，分别经历了增量扩展期、品质提升期、市场化转型期、在地发展医养融合期等4个时期的阶段性变化。

---

① 该部分内容参考文献：吴茵，王吉彤．日本养老政策的发展及其对中国的启发与借鉴 [J]．南方建筑，2019（2）：21-28.

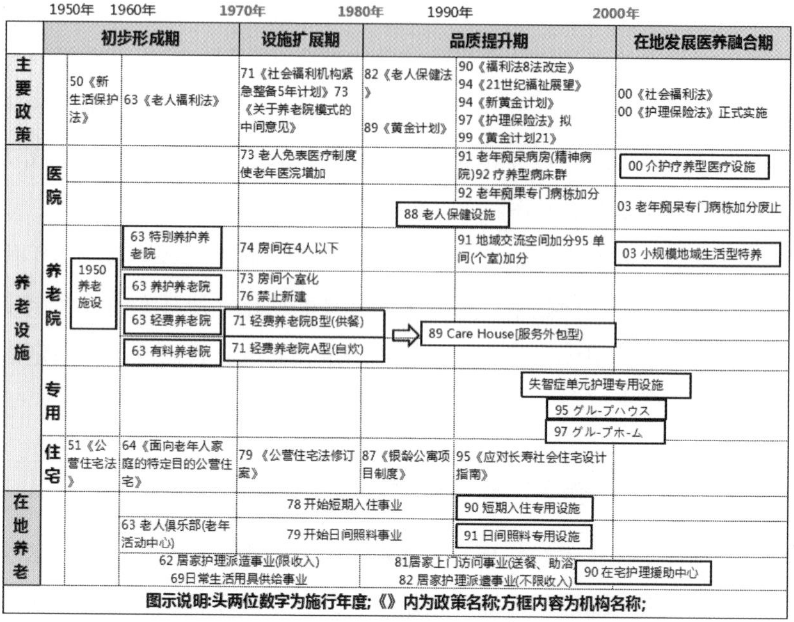

		初步形成期 (1950年—1970年)	设施扩展期 (1970年—1980年)	品质提升期 (1980年—2000年)	在地发展医养融合期 (2000年—)
主要政策		50《新生活保护法》63《老人福利法》	71《社会福利机构紧急整备5年计划》73《关于养老院模式的中间意见》 / 82《老人保健法》89《黄金计划》	90《福利法8法改定》94《21世纪福祉展望》94《新黄金计划》97《护理保险法》拟99《黄金计划21》	00《社会福利法》00《护理保险法》正式实施
养老设施	医院		73老人免表医疗制度使老年医浣增加	91老年痴呆病房（精神病院）92疗养型病床群 92老年痴呆专门病栋分区 88老人保健设施	00介护疗养型医疗设施 03老年痴呆专门病栋加分废止
	养老院 1950养老设施	63特别护养老院 / 63养护养老院 / 63轻费养老院 / 63有料养老院	74房间在4人以下 / 73房间个室化 76禁止新建 / 71经费养老院B型(供餐) / 71经费养老院A型(自炊)	91地域交流空间加分95单间(个室)加分 / 89 Care House[服务外包型]	03小规模地域生活型特养
	专用			失智症单元护理专用设施 95グル-プハウス 97グル-プホ-ム	
	住宅	51《公营住宅法》64《面向老年人家庭的特定目的公营住宅》	79《公营住宅法修订案》87《银龄公寓项目制度》	95《应对长寿社会住宅设计指南》	
在地养老		63老人俱乐部(老年活动中心) 62居家护理派遣事业(限收入) 69日常生活用具供给事业	78 开始短期入住事业 79 开始日间照料事业 81居家上门访问事业(送餐、助浴) 82居家护理派遣事业(不限收入)	90 短期入住专用设施 91 日间照料专用设施 90 在宅护理援助中心	

图示说明:头两位数字为施行年度;《》内为政策名称;方框内容为机构名称;

图2-7　日本老年福利居住政策与养老设施的发展变迁

1. 初步形成期（1950年—1969年）

（1）住宅政策

1964年日本颁布的《面向老年人家庭的特定目的公营住宅》（日文：「老人世帯向け特定目的の公営住宅」），是日本首个以老年人为对象的住宅供给政策。虽然该政策在标题上即明示了老年人住宅供给的主要目的，但实质上甚至没有考虑无障碍设计等实施细节，仅停留在"不拒绝老人入住"的公营住宅入住条件限制层面。此后，公营住宅法又经历了多次的修订，至1980年，入住条件从65岁及以上老年人家庭，变为60岁及以上老人家庭。

（2）机构政策

日本养老福祉设施的原型来自欧美宗教背景下的贫困救济型收容设施。1950年日本的"生活保护法"颁布之后，在现代文明与合理主义思潮的影响之下，养老设施开始从混合收容的福祉救济机构中分离出来，产生了只以老年人为收容对象的养老机构。

2. 设施扩张期（1970年—1979年）

（1）住宅政策

随着老年人口的不断增加，在日本福利政策的住宅改善策略上，1979年《公营住宅法修订案》（日文：「公営住宅法改正」）将公营住宅的服务对象，从只接受老年人家庭，扩展到单身独居老人也可入住。

（2）机构政策

1968年4月日本中央社会福祉审议会发表了《关于养老院·面向老年人住宅整备扩充的相关意见》（日文：「老人ホーム·老人向住宅の整備拡充に関する意見」），其中提出了增加养老院数量，改善养老院环境条件的相关意见。1971年《社会福利机构紧急整备5年计划》（「社会福祉施設緊急整備 5 カ年計画」）开始实施，"特别养护养老人院"（日文：「特別養護老人ホーム」）等公办养老机构进入了快速发展与完善的阶段，但是这些机构的护理服务质量却并不理想。

3. 品质提升期（1980年—2000年）

（1）住宅政策

20世纪80年代，福利型适老化住宅开始了量化发展。但是住宅环境的品质却亟待提升。该时期日本政府通过采取多部门联动的办法来改善居住环境的品质问题。

1993年，为了有效提升老年人的居住环境品质，厚生省开始实施《居家住宅改造制度》（「リフォームヘルパー制度」）。而且在2000年护理保险制度里的《居家护理住宅改造费支付制度》（「居宅介護住宅改修費の支給」）中，明确了住宅改造费用的最大支付额度是20万日元。

（2）机构政策

1989年，日本政府颁布了《黄金计划》（「高齢者保健福祉推進十カ年戦略」，又称「ゴールドプラン」）。该计划明确了以养老机构紧急整备和居家护理服务快速推进为目标的具体量化标准。在福利行政方面终于确立了"面向未来的计划性措施"体制。1996年，厚生省引入了风靡北欧的"单元组团护理空间模式"（Group living），开始实施《老年人单元组团式生活援助示范事业》（日文：「高齢者グループリビング支援モデル事業」）。这一方针旨在通过单元组团式护理方式，改善老年人的老后孤独和不安等消极情绪，实现可持续的自立自助式生活。

4. 在地发展、医养融合期（2000年—　　）

（1）在地发展政策

2000年，日本正式颁布实施了《护理保险法》，该法为失能失智老人的护理生活提供了强有力的法制保障。截至2018年，日本护理保险法共经历了几次修改：

2005年第一次修改，提出了地域综合护理理念，旨在实现可持续性社区养老。其具体举措主要包括：①设立地域包括援助中心，为生活在该区域内的老人提供相关护理信息和护理预防等援助活动；②实施小规模多功能型居家护理援助，即以日托服务为主，同时根据老人的具体状况和不同需求，为其配套上门访问和临托短住等综合性服务。旨在帮助老人在熟悉的环境中继续生活，在熟悉的护理者和家人的共同帮助下，实现可持续的老后居家生活。

2011年第二次修改，提出了共建"地域包括护理援助体系"的目标。旨在为老年人提供医疗、护理、预防、居住、生活援助服务等综合性一体化服务模式，以帮助其实现不脱离原宅、原住区的可持续的自立自主型生活方式。

2014年第三次修改，为迎接和应对2025年第一次婴儿潮出生的人口进入高龄期（75岁及以上）的社会发展特征，快速有效地实现地域包括护理援助体系的构建，修改方案提出了诸如推进居家在地医养融合，充实强化以居民为服务主体的日常生活援助服务等多项具体举措。

（2）"地域包括护理援助体系"建设

2011年日本《护理保险法》第二次修改，提出的"地域包括护理援助体系"被誉为日本康养生态建设的"盆栽三叶草"，主要是由①养老方式的认同、②硬件设施的基础、③全社会多元化的助力、④医疗·护理·预防的统合四个基本要素构成（图2-8）。

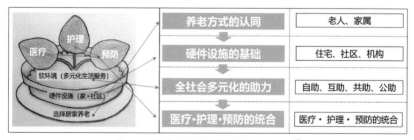

图2-8　地域包括护理援助体系四要素[①]

[①] 参照「地域包括ケアサクセスガイド」，田中滋監修，ＭＣメディカ出版，2015 年，第 10 页内容制成。

其中，花盆底部的托盘，代表老人及其家属对在地化养老的认知与态度，即"选择居家养老的方式"，这是可持续居家养老的维系基础。

花盆，代表了包括住宅与社区的康养型居住环境建设，如环境的无障碍设计、适老化设计、通用设计等，它是确保老人安全健康居家生活的物质基础。

土壤，代表多元化的生活与护理服务，提倡全社会以多样化的组织与不同的社会力量形式（自助：自行购买、自行管理；互助：邻里相助、志愿者、NPO等提供的非正式援助；共助：医疗保险、社会保险、护理保险等保障机制；公助：政府提供的社会福利政策保障等。以公助、共助为前提，以自助、互助做补充）积极参与到护理服务中来，为土壤增添养分，助力老人的康养生活。

医疗、护理、预防（康复、保健）是"三叶草"的花叶，通过医·养·护各领域专业人士相互合作，为老人安心养老提供专业化的支撑，帮助老人实现持续、自主、有尊严的晚年生活。

在"地域包括援助体系"中，"托盘、花盆、土壤、三叶草"四个要素彼此关联，相互协作以形成综合性一体化养老服务模式，满足养老的多样化需求，实现不脱离原宅、原住区的"在地养老"模式下的可持续生活。

2-4　小结：最值得借鉴的经验模式

相较丹麦和美国这两个遥远西方国家在社会发展、经济结构、福利政策等迥然不同国情下的诸多差异，我们的邻国日本这种以在地化、社区化为基本思路发展起来的"地域包括援助体系"（图2-6地域包括援助体系四要素）下的养老模式无疑最值得我们学习与借鉴。这种在地化"嵌入式"的养老格局，从人文地域、风土人情、社会整体价值观，到老龄化发展特征、人口居住现状、社会福利政策等诸多方面，都与我国有更高的相似度和可实践性。

中国向来是以"大家庭"为单位的传统家庭与社会结构模式，成年子女、老年父母以及大家庭族群间的亲缘关系远比西方社会更为紧密。但是，近年来随着城镇化发展，一方面，全国范围内大量年轻人外出务工，造成了许多中小型城市出现了不少以老年居民为主体的"老龄社区"。同时，随着老龄化的不断发展，这些空巢老人们的身体机能日渐退化，自理能力也逐年降低，老旧的社区环境还会对他们的生活形成一定的障碍。尽管如此，这些老人们仍然不愿搬离熟悉的社区环境，前往异地与子女同住，也对封闭而陌生的养老机构充满了不信任。另一方面，外地务工的年轻人又无法长期回家照顾年迈的父母，这样的局面形成了今天家家户户都可能遭遇的家庭难题。

虽然大型的养老机构有服务专业全面、功能设施齐备、能减轻家人负担等方面的诸多优点，但是，从社会资源上的负担、居民经济上的负担、老人精神上的负担来看，在远离家人和朋友的孤岛式的城市周边，大规模兴建独立的集中式养老机构确实是不合时宜的。

特别是上述这种，在城市化的进程中逐渐形成的老年人聚集的住区，在老龄化的动态变化过程中，其本身已经变成了一个天然的院落式养老设施。这些老旧院落的社区即使配套落后、设施陈旧，但只要根据需求对部分环境进行有针对性的改造与更新，就完全可以满足老年人对适老化环境的相关需求；在此基础上，如果可以整合原有的近邻资产或地域资源（图3-2　近邻资产与有形地域资源），将医疗、护理、生活援助等"小规模多功能"的点状服务嵌入社区，使这些空间相互联系并形成结构网络化布局，这样，轻装上阵星罗云布的"社区嵌入式养老"的优势就显现出来了。

接下来，从近20年来中国的养老福利政策中，我们就可以清晰完整地看到，中国式养老，从形成初期"以机构养老为支撑"，到今天"整合利用存量资源，发展社区嵌入式养老"的发展趋势，和全面提升居民生活品质的终极目标。

第 3 章

中国"超高速"老龄化
发展下的创新智慧

3-1 迎难而上的政策曙光①

在从深度老龄化到超高速老龄化的浪潮席卷而来的时代背景之下，中国的养老政策中，养老服务领域的相关政策数量较多、时间跨度较大，近几年这些政策无论从内容还是数量上都更加密集丰富；健康服务领域的政策从2009年开始推行，并在2012年后，从促进健康产业发展、加强不同产业的联合到推动生物科技的进步和健全产业发展的环境等，均受到了不同方面的共同关注。

其中，尽管在医疗卫生领域的政策数量相对较少，对养老的关注情况也略显滞后，但是从2015年国务院《关于印发推进规范医师多点执业的若干意见的通知》，2017年国家卫生计生委《关于深化"放管服"改革激发医疗领域投资活力的通知》，2019年国家发展改革委、民政部、国家卫生健康委联合发布的《城企联动普惠养老专项行动实施方案（试行）》等政策中可以看到，未来医疗领域对于社区养老、医养结合的推动作用必将大幅度提高。

总体来看，中国养老政策的发展可以大致分为3个时期（表3-1）：①初步形成期（ —2009年）；②增量扩展与多样化发展期（2010—2017年）；③品质提升期（2018年— ）。

---

① 该部分内容参考文献：吴茵，王吉彤. 日本养老政策的发展及其对中国的启发与借鉴 [J]. 南方建筑，2019（2）：21-28.

表3-1　中国主要养老政策的经年发展

	~1995 (年)	2000	2005	2010	2018	2021	2023~
	初步形成期				增量扩展与多样化发展期		品质提升期
主要政策	96《老年人权益保障法》	00《关于加强老年工作的决定》；01《中国老龄事业发展"十五"计划纲要》	06《关于加快发展养老服务业的意见》；09《国务院关于印发促进生物产业加快发展若干政策的决定》；10《关于进一步鼓励和引导民间资本举办医疗机构的意见》	11《中国老龄事业发展"十二五"规划》；12《卫生事业发展"十二五"规划》；12《"十二五"期间深化医药卫生体制改革规划暨实施方案》	11《国土资源部办公厅关于印发养老服务设施用地指导意见的通知》；15《关于鼓励民间资本进入养老服务领域的实施意见》；15《国务院办公厅关于促进健康服务业发展的若干意见》；15《国务院关于印发中医药健康服务发展规划的通知(2015-2020)》	17卫计委《关于深化"放管服"改革激发医疗领域投资活力的通知》；19民政《关于贯彻实施〈中华人民共和国老年人权益保障法〉行政措施的通知》；19发改、卫健《关于推动养老托育服务健康发展的意见》；20民政、发改、卫健《关于加快实施老年人居家适老化改造工程的指导意见》；21国务院办公厅《关于加强老年人合理用药...	20商务部、民政《我国将鼓励"一店一早""一早一晚"推动一刻钟便民生活圈建设》；20发改《中华人民共和国国民经济和社会发展第十四个五年规划和2035年远景目标纲要》；21国务院办公厅《关于加强新时代老龄工作的意见》	21商务部、民政《"十四五"国家老龄事业发展和养老服务体系规划》的通知；22改、民政《关于做好2022年度老年社会基本服务提升行动项目建设实施工作的通知》 / 22国务院办公室《关于...》；23商务部、民政《全国推进城市一刻钟便民生活圈三年行动计划(2023-2025)》的通知；23《城市社区嵌入式服务设施建设工程实施方案》的通知
医疗			支持社会资本投入健康医疗领域；清除阻碍非公立医疗机构发展的壁垒	推进社会医保(非)；完善医药创新机制；公立医院改革	15《国务院关于城市公立医院综合改革试点改革的指导意见》；17《关于支持社会力量提供多层次多样化医疗服务的若干意见》的通知	完善医养结合政策，推进医疗卫生与养老服务相结合，医疗机构内设置养老服务或在养老机构内设置...发展中医特色医养结合服务	21卫健、老龄办《智慧助老行动三年计划》
养老			"建立以居家养老为基础、社区服务为依托、社会养老为补充的养老体系"	上海探索提出"9073"养老服务格局；我国主要省市开始构建"9073"养老服务格局	"建立以居家为基础、社区为依托、机构为支撑的养老服务体系"；16《"十三五"国家老龄事业发展规划》；沿海养老机构设立许可，加强医养相结合的养老服务体系	推行"物业服务+养老服务"居家社区养老，积极推进智慧社区养老；推动专业化服务向社区延伸，整合利用好存量资源发展社区嵌入式养老。	推动乡镇、街道层面的区域养老服务中心和社区养老，共同推动...国家服务；实施城市社区嵌入式服务设施建设工程
大健康			生物医疗快速发展，鼓励扶持生物企业		17《智慧健康养老产业发展行动计划(2017-2020)》	老年健康促进行动	提高包括老年科技工作者在内的老年人科技技能让广大老年人更好地适应并融入智慧社会；一刻钟便民生活圈建设三年行动，到2025年，超过1/4(70%)的城市要全面推动便民惠民生活工作。

图示说明：头两位数字为施行年度；《 》内为政策名称

（1）初步形成期

2000年的《关于加强老龄工作的决定》中提出了"以家庭养老为基础、社区服务为依托、社会养老为补充"的养老格局。在这个时期以前，"家庭养老"主要是由家庭成员负担老人老后所有的养老问题。但是，随着老龄化的日趋严峻，人口结构发生了根本改变，"421"家庭结构很难让独生子女家庭独立完成照顾双方父母的家庭重任。与此同时，劳动力成为稀缺资源，劳动市场人力成本逐年增加，机构养老的重要性开始突显。

（2）增量扩展与多样化发展期

2011年的《关于加快发展养老服务业的意见》提出了"建立以居

家为基础、社区为依托、机构为支撑的养老服务体系"，政策大力推动机构养老床位建设，鼓励民间资本的介入，并以公建民营等方式，不断推进公办养老机构的改革。

2013年被称为中国养老产业元年，政府在《国务院关于促进健康服务业发展的若干意见》中提出，释放市场消费需求，促进服务品质提高，多种方式扩大供给。"十三五"期间（2016—2020年），国务院颁布的《"十三五"国家老龄事业发展和养老体系建设规划》文件中提出，"要健全以居家为基础、社区为依托、机构为补充、医养相结合的养老服务体系"。养老机构的建设总量开始收缩，政策鼓励发展社区养老和强调建立医养结合的专业化综合服务体系。

（3）品质提升期

2015年，习近平总书记在春节团拜会上发表重要讲话指出：家庭是社会的基本细胞，是人生的第一所学校。无论社会如何发展、格局怎样变化，家庭的重要性都不可忽视。

2017年，习近平总书记在党的十九大报告中明确指出，我国经济已由高速增长阶段转向高质量发展阶段。在新时代高质量发展的背景之下，与基层民众及社会家庭的获得感、幸福感密切相关的基层社区建设也迎来了一个新的时期。今天，如何做好居家养老、社区养老的具体工作，切实提升老年人的居住生活环境品质，满足老年人日益增长的对幸福美好生活的实际需求，成为社会各界共同关注的焦点。

2019年2月22日，国家发改委会同民政部、国家卫健委等部门在北京举行了"城企联动普惠养老专项行动"启动专题会议，并同时印发《城企联动普惠养老专项行动实施方案》。将过去"保基本、补短板，重点满足基本养老服务需求"的福利政策重点，转变成为"扩供给、补短板、强弱项、提品质、重监管"的针对广泛社会需求层面的政策方向，并重点支持深度医养融合前提下的养老服务骨干网建设、专业化养老服务机构建设，以及体系化养老服务项目建设三个方面。

2021年以来，"一刻钟便民生活服务圈"、"社区嵌入式养老"，成为政策关注的重点：

2022年，民政部发布了《关于做好2022年居家和社区基本养老服务提升行动项目组织实施工作的通知》，首次将"一刻钟便民生活圈"的建设与居家养老相结合，提出构建"一刻钟"居家养老服务圈。而且，在2023年发布的《全面推进城市一刻钟便民生活圈建设三年行动计划（2023—2025）》中，要求全国在2025年前务必全力推进"生活服务圈"的建设工作。

另一方面，2021年由国家发改委发布的"十四五"规划和2035年远景目标纲要指出，要推动专业机构服务向社区延伸，整合利用存量资源发展社区嵌入式养老。而且，2023年国务院发布了《城市社区嵌入式服务设施建设工程实施方案》，要求优先在城区常住人口超过100万人的大城市推进城市社区嵌入式服务，向社区居民提供养老托育、社区助餐、家政便民、健康服务、体育健身、文化休闲、儿童游憩等一种或多种服务。

由上述政策的发展可见，社区嵌入式养老必然是未来中国养老事业发展的大趋势。"社区嵌入式养老"的目标，是让老人不离社区不离家，在无障碍设施设备完善的社区环境与居家环境的支持下，帮助老人走出家门、走进社区，在家门口多样化的社区据点中建立丰富的邻里联系；同时，让护理、医疗、康复、家政、育儿等服务能送"货"上门，全方位应对老年人居家生活的多样化需求。并最终全面实现，让老人一生都不用仅仅为了寻求养老资源而被迫迁居他所，而是可以在多样化服务充实的终生住宅中，以原有的生活方式持续稳定地生活，并能确保其独立、自主、有尊严、重隐私的老后生活品质。社区嵌入式养老模式见图3-1。

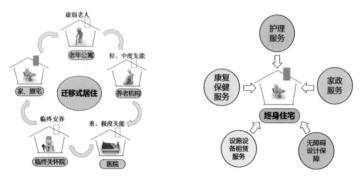

图3-1　传统养老与社区嵌入式养老模式图
（左图：传统迁移式养老；右图：社区嵌入式养老）

3-2　社区嵌入式养老的内涵与框架

根据马斯洛提出的需求层次理论，人类的需求可以像阶梯一样从低到高按层次分为5种：生理需求、安全需求、社交需求、尊重需求和自我实现需求。这种金字塔的发展形式反映了人类行为和心理活动的共同规律，人的需求总是由低级向高级不断发展的。

今天我国的经济、科技、文化、教育整体发展水平正不断提升，人们的生理需求、安全需求等都得到了充分保障，中国的经济发展迈进了新时代。未来人们对生活质量的追求和自我实现的向往也将会日益提升，特别是老年人们对高层次、高品质、自立自由的老后生活的需求也将不断提高，这一趋势也符合上述需求发展的普遍规律。

社区嵌入式养老，正是在这样的时代背景下应运而生的：不离社区不离家，在熟悉的家人与朋友们的陪伴下共度余生，这样的生活方式符合高速超老龄化发展趋势下，中国老年人对美好生活的普遍需求。

社区嵌入式养老中的"嵌入"，是一个多学科概念，主要用来描述一个系统、过程或者实体与其环境之间，相互联系和相互依赖的关系。

"嵌入"（embeddedness）最早是由著名的经济学家卡尔·波兰尼（Karl Polanyi）1944年在其著作《大变革：时代的政治与经济起源》（*The Great Transformation*）一书中提到的概念，多用于经济理论的分析。他提出"人类经济嵌入并缠结于经济与非经济的制度之中"，认为经济活动不是孤立存在的，而是紧密地嵌入在社会与制度的结构之中。这种观点强调了经济行为与非经济因素（如社会、文化、政治等）之间的相互作用与影响。

在社会科学领域，美国社会学家马克·格兰诺维特（Mark Granovetter）也于1985年在《美国社会学杂志》上发表了重要论文《经济行动和社会结构：嵌入性问题》。他认为，经济活动的制度化过程应该被视为人际互动，强调人际互动所产生的信任，是组织从事经济与社会活动的基础。同时，他还提出了"结构性嵌入"、"关系性嵌入"两个经典的嵌入式模型。

由上述"嵌入"理论的发展可见，社区嵌入式养老强调的是，社区中的老人群体与其赖

以生存的社区环境之间基于信赖和高品质生活援助服务的，双向互动与相互依存的关系。而高品质的生活，意味着更好的居住环境、更健康的饮食、更丰富的文化娱乐活动等，这些软件服务的充实与硬件环境的提升将有助于提高人们的幸福感、获得感与满足感。

另一方面，未来我国社区嵌入式养老环境建设的重点，应该从以下3个方面（长度、广度、深度）不断探索，并持续发力。

1. 长度：探索嵌入式养老的可持续发展模式

长度，是指社区居民的年龄边界要足够长，年龄应该从0到100岁以上。

这里，我们需要在认知上达成一个共识：只有老人居住的"老年社区"在老龄化的动态发展过程之中，势必会越来越老，并逐渐失去社区的活力。所以真正友好的社区，是针对全龄人群都友好的混龄型社区。老、中、青、幼各年龄段的人们相互支撑、和谐共生的环境才是真正合理，并有益于身心健康发展的社区环境。

关注养老或者银发一族，也不应该只关注60或65岁之后的群体，应该从大健康视野出发，聚焦身体功能开始退化的准老年群体（45岁—）开始，从预防、保健、娱乐、社会参与等方面，在前端充分做好积极老龄化的各种准备，从而更有效地预防和避免失能失智情况的发生与恶化。

老人在退休之后，一旦离开职场与社会，就会倍感孤独，并加快其老化的进程，这时社区的作用非常重要。我国养老环境的建设应该以社区为基础，积极鼓励老人退休之后采取"在地安养"①的模式，立足家庭、邻里与社区，为老人打造安全、安心、安定、安逸的可持续居住生活环境，切实提高其老后生活的整体水平。新时代背景下社区嵌入式"在地安养"的基础环境已日趋成熟，其中，"在地"一词尤为重要，它包含了"本土、本地、土生土长"的意思，简而言之，即是让老人不

---

① 在地安养：英文"Aging in place"，该概念于20世纪60年代初期，源自北欧，起初只是由于不满当时在机构养老中受到束缚又缺乏隐私的现状，老人们希望离开机构回归家庭或社区，而被提出来的一种"去机构化"想法。本书中，作者按照中国人传统观念，避开人们普遍认为较为消极的诸如"老、老化"等字眼，将其译成"在地安养"，"安养"一词更能强调老人可以在熟悉的环境中安心快乐地颐养天年的含义。

离社区不离家，在原有的长期居住的熟悉的环境中优雅老去。

当然，要实现真正意义上的社区嵌入式"在地安养"，还需要在广度与深度上多下功夫。

2. 广度：建立舒适便捷的15分钟养老生活服务圈

这里的广度，主要聚焦于与居民生活密切相关的 15 分钟生活服务圈。社区内的养老服务圈虽然仅仅是半径约 500 米的步行 15 分钟的生活圈域，但在该区域内服务环境的好坏，是能否提高老年人日常生活品质的关键所在。

社区嵌入式养老所倡导的良好的老后生活品质，不能只依靠单纯的外部服务来提供，它与地域社会、社区生活中的各类设施环境建设也密不可分，同时与"近邻资产"、"地域资源"这两个概念关系密切（图 3-2）。

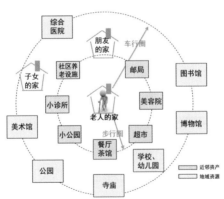

图3-2　近邻资产与有形地域资源[①]

所谓"近邻资产"，是指老人在自我意识的支配下，主动筛选获

---

① 原图摘自《居家养老 AIP 技术》，吴茵等，西南交通大学出版社，2016 年，第 19 页。

取的步行圈之内的个性化资源，包括从近邻的家人、朋友到熟悉的店铺、餐厅、活动场所与社区据点等。"近邻资产"有很强的所属性，每个老人所拥有的步行圈内的"近邻资产"各不相同，它是老人社会参与的物质基础与社会生活的精神依托。

而"地域资源"则是指在更广域的范围内（如社区、街道、居住区等），影响居民生活质量的不同性质的各种要素。居住区中常见的地域资源有：老年活动中心、各类养老设施、24小时社区为老服务站，和经过通用无障碍设计或者适老化设计后的公园、邮局、超市、图书馆、社区活动中心、诊所、医院、康复保健中心等公共设施。

"近邻资产"并不在于数量上的多少，而在于链接的品质，如与老人交互的频率、熟悉及信任的程度等；"地域资源"则应该品类齐全、内容丰富，根据需求为居民提供自主选择的机会，设施内部环境要考虑到各类使用者的需求，同时在地理位置和环境选址上要具有便捷性与可达性等特点。

上述这些"近邻资产"与"地域资源"，也可以称为养老资源的"供给点"。在社区嵌入式养老中，供给端的各类资源与资产，应该与老人建立有意义的链接，在日常生活中，形成"供-需-链"的双向互动关系，即老人可以根据需要到供给点接受服务，供给端也应该向社区、住区辐射，并高效便捷地把服务送到老人的家里。

这也就是前述社会学范畴下，经典嵌入模型中，两点一线的"关系性嵌入"类型。

3. 深度：建立点、线、面、体相结合的嵌入式体系

深度，主要指服务产品的专业化程度和养老环境的体系化建设。套用由马克·格兰诺维特（Mark Granovetter）提出的社会学范式

下的两个经典嵌入式模型，社区嵌入式养老，除了上面提到的两点一线型的"关系性嵌入"外，还有一种就是更具服务与链接深度的，点、线、面、体相结合的，"结构性嵌入"模式。

"走出房间、走出住宅、走进人群、融入社会"是社区嵌入式养老中，老人高品质健康生活的大前提。建设一个安全放心、便捷舒适的老后居住环境，应首先聚焦老年人对社区美好生活的真实需求，以解决老年人属地化"在地养老"的相关问题为基本导向，着力社区结构性嵌入的"两点、一线、三圈层"的体系化建设。

（1）两　点

两点，主要指"供给点"与"需求点"：

前文提到的"供给点"（"近邻资产"与"地域资源"），应包括街道或社区内主要的"公共服务、为老服务、医疗保健、文化教育、商业娱乐、公园绿地"等相关设施，并在精神、文化、日常生活等层面上，形成能够帮助社区内所有"在地安养"的老人们实现"高品质生活"的全方位支持。

"需求点"，是指需要接受养老服务的老人们的生活原点。它可以是老人的家、楼栋住所，或者小区、院落中5分钟步行圈内老人们的活动据点等。

（2）一　线

一线，是指连接"供（服务、娱乐设施）、需（老人）"两端的交通连线。在供需两点的交通流线环境建设上，应该注意满足不同身体情况下的人群，特别是老人和残障人士等在通行上的安全性、可达性（通行距离不宜过长、无障碍设计应具有连续性等）、便捷性、与舒适性。

"线"的选择有两种方式：一种是根据社区的嵌入式养老服务

资源，选择供需之间的连线；另一种是根据人们日常生活需求类型的差异，从不同的需求维度进行选择，如：医疗保健轴线、为老服务轴线、文化休闲轴线、美好生活轴线……

（3）三圈层

15分钟生活服务圈还可以细分为3个圈层。这3个圈层分别是，5分钟步行圈（衰弱老人或坐轮椅老人，半径约150米距离）、15分钟步行圈（健康老人徒步慢行，半径约500米）、15分钟车行圈。

5分钟步行圈，其实也就是老年人居住的小区，特别是针对身体衰弱和部分失能的老人，需要为他们提供方便轮椅出入、安全舒适的慢行无障碍空间，满足其基本的外出散步、日常活动、社区交流等功能。该区域的适老化环境建设、维护，与为老服务资源链接、匹配，一般应该由小区物业或者业主委员会共同建设管理。

15分钟步行圈，是老人与普通居民使用最频繁、社会交流最丰富、日常功能最完善的"生活基本面"。该区域内提供的服务内容包括日常生活服务（快递点、理发店、超市、餐厅、茶馆、小公园、小广场）、卫生保健服务（小诊所、药店、中医理疗）、为老医养服务（日间照料、护士站）等。这些品类丰富的社会化服务是由市场自然形成的。但是，政府在监督管理的同时，应该鼓励并引导其为养老及福利事业服务。例如，政府可以为那些积极展开养老福利服务业务的企业、在销售淡季或顾客流量低峰时段，为老年人提供有针对性服务的企业等，提供更多相关政策上的支持。

车行圈，指老人或居民出门时，需要利用机动车或非机动车的范围。该范围包括了街道或社区辖区内，深受老年人喜爱，或利用频率较高的场所：公共服务设施（政务中心、办证中心、党群服务中心）、为老服务设施（老年活动中心、社区养老服务综合体、老年大学……）、医疗保健设施（社区医院、卫生站）、文化教育设施（美术馆、博物馆、图书馆……）、商业娱乐设施（商场、咖啡厅、餐厅……）、公园绿地设施（社区公园、绿地）。这些公共设施内部的无障碍设计、公共交通间的无障碍换乘、交通与设施内部的无缝连接等，都是15分钟车行区域中环境设计的重点。

只有将上述"点、线、面"进行有机的结合，并按照老年人的日常生活、出行习惯等进行高效组合，才能使老人即使在身体行为能力受限的情况下，依然可以安全放心地在社区中自立自主地生活。

3-3　顺应身心的"长寿住宅"

作为生活的重心和原点，住宅的重要性不容小觑。但是，如何才能适应身体功能的变化，打造一个让老人在不同身体条件下都可以持续居住的"长寿住宅"，我们还需要从认识老化、了解自身的身体功能变化开始做起。

1. 老化的真相

"小时盼老"，对于儿童来讲，年龄的增长无疑是一件快乐而值得期待的事情。今天的你尽管仍然会因为不断地"成长"而感到满足和欣慰，但是，有一天，当你看到镜中的身体容颜出现了皱纹，当你发现肌肉纤维的流失使负重时不再感到轻松自如，当骨骼组织的退变使你原本健硕的身体变得脆弱而易损……这一天，当这些伴随着人体"老化"的现实产生的剧变扑面而来时，作为父母，作为子女，作为终将老去的每一个个体，您都准备好了吗？

老化，不是因"老"而起的不幸遭遇，而是随着年龄增长，身体各项机能相应退化的生理过程，是从婴儿出生的那一天就悄然开始，并且从不间断的一个漫长历程。20岁是人们身体发育最为旺盛的时期，人们精力充沛、活力无限，感受力和行动力都达到了巅峰状态；35岁属于人们创造力的巅峰，肉体与精神双重发展，这一时期人们具有很强的耐受性。但是，35岁之后身体各部分机能的发展开始逐步下降，并从50岁开始出现可自觉的"老化现象"，女性在闭经后"老化现象"更为明显，例如视听力下降、动手能力降低、情绪低落、效率低下等；65岁便开始陆续出现白内障、老花眼、高音域听取困难、行动迟缓；80岁进一步出现气力丧失、耳聋耳背、拄拐杖缓行等较为严重的"老化现象"。人体的经年老化如图3-3。

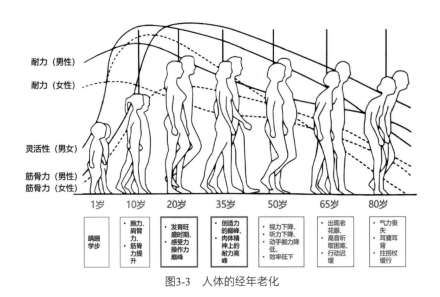

图3-3　人体的经年老化

老化，作为每个生物体都必须经历的成长，一味地回避非但无法改变它客观存在的现实，反而会加深我们对"老"本身的担忧与恐惧。反之，如果我们可以以积极的心态面对"老"的课题，主动地去了解"老化"的生理心理特征，弄清这一阶段可能出现的各种问题，并提前为必将面临的"老化"做好准备，那么"老"就并不可怕。而且，我们还会从悉心规划的"老"后生活中找到新的价值与快乐，继续在"成长"的欣喜与期待中，健康而优雅地老去。

2. 身体功能的退化

准确而有规律地掌握老人的健康及自立程度的变化，有利于在老人术后、治疗前后、康复训练前后的治疗和护理效果进行评价，或者在老人出院回家之后、进入养老机构前后，对新环境的适应性进行评估，并可根据这些判断，为老人量身定制下一阶段治疗的护理、环境目标和具体的实施方案。

关于老人的身体与生活功能评价，有两个重要的概念需要了解：日常生活活动能力（ADL，Activities of Daily Living，以下略称：ADL），生活质量（QOL，Quality of Life，以下略称：QOL）。生活行为与生活质量如图3-4所示。

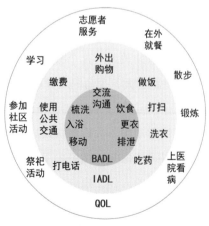

图3-4　生活行为与生活质量

ADL是指人们在每天的日常生活中，为了照顾自己的衣、食、住、行，保持个人卫生整洁和进行独立的社会活动所必需的一系列基本活动。这些人们为了维持生存及适应生存环境而每天必须反复进行的、最基本的、最具有共性的活动包括：自理活动、沟通交流、健身运动、日常家务等。

ADL评价可以分为两种类型：一类是基础性日常生活活动能力（Basic or Physical ADL，略称为：BADL或PADL，本文统称为BADL）评价，另一类是工具性日常生活活动能力（Instrumental ADL，以下略称为IADL）评价。BADL是指维持人体最基本生存的，每日反复进行的，诸如自理活动、行走活动等的能力；IADL是指人们在社区生活中所需要的较高技能的活动，诸如使用电话、购物、做饭、洗衣、服药、理财、使用各类工具、处理突发事件等能力。

QOL最早被译为生活质量（Karnofsky，1948），是评价老人能否有尊严，且安心满意地生活的一个重要概念。世界卫生组织WHO将其定义为：不同文化和价值体系中的个体对于他们的生活目标、期望、标准及所关心的事情有关的生活状况的体验。并提出了评价QOL的6个维度：生理健康、心理状况、独立能力、社会关系、个人信仰或精神寄托以及与周围环境的关系。这个概念反映了个人期望与实际生活状况之间的差距，差距越大，生命的质量就会越差。

20世纪70年代，美国掀起了一场"IL（Independent Living）"（自立生活）运动。在该运动中，人们积极鼓励残障人士，利用现存的自立能力，通过努力尽可能恢复已然丧失了的各项身体机能。即使对于那些完全无法自立生活的人们，也应该不断鼓励其积极主动地参与社会活动，实现自我价值。

和康复训练一样，在护理上，人们更重视QOL的重要性。例如，卧床不起，可以说是ADL极其低下的状态，但即便如此，如果护理人员能在这种条件下，按照老人自身的愿望来接受护理，并正常生活的话，不仅可以发挥老人自身的自律性和能动性，避免其废用综合征的发生。还有可能通过护理人员合理的护理与康复训练等，帮助老人脱离卧床不起的状态，进而提高其生活品质，过上健康又充满活力的生活，从而有效提升老人的QOL满意度。

两种生活：一种是卧床不起，但有护理人员精心照料的生活状态；另一种是在较少的护理帮助下，多数事情可以按照自己的意愿亲力亲为的生活状态。相信无论是谁，都应该会认为后者的QOL更高一点吧？特别是在用餐、排泄等一些无法避免又相关尊严的日常生活琐事上，如果能够自行独立完成的话，心情一定也会更加愉快。

由此可见，我们在不断追求提高QOL的时候，绝对不能忽视了ADL的重要性。QOL和ADL，绝非相互对立，在评价老人生活状态中，两者之间关系紧密，是同等重要的两个概念。

3. 老人身体水平自立能力的分类

作为老后生活的原点，居家环境的适老化非常重要。在积极老龄化视角下，适应性的居家适老化改造，首先，应该准确把握老人的身心状态、ADL状态、居家环境的现状问题；其次，在将老人居家生活行为能力（包括各种辅具使用时的行为移动能力情况）具象化后，提出与之相匹配的居住环境改造方法。

维系日常生活的能力非常多，但是支撑日常基础生活行为的最重要的能力主要包括：移动能力、上肢能力。因此，这里我们暂时排除老人在感觉功能、认知功能上的障碍，先从老人的运动功能系统出发，将老人的身体水平自立能力分为以下5种类型（图3-5）：

1. 健康自立老人
- 日常生活完全自理自立，不需介助辅具；
- 生活中，只需在环境上稍微用心，就可以安全放心地生活。

 2. 虚弱康复老人
- 日常生活移动中需要拐杖或者连续的扶手辅助。
- 完成复杂或者长时间的行为动作时需要座椅辅助（仅外出使用轮椅）。

 3. 轮椅自助老人
- 日常生活移动中需要轮椅（在家、外出），但移动行为完全自立，不需要他人协助。
- 排泄、入浴等行为需要他人的守护和协助。

 4. 轮椅介助老人
- 日常生活移动中需要轮椅，并且需要他人的守护和协助。
- 特别是换乘、排泄、入浴行为时，需要他人的护理。

 5. 卧床瘫痪老人
- 完全失能老人，日常生活中大部分时间瘫痪卧床，所有行为都需要他人的护理

图3-5 老人身体水平自立能力分类

第1种，健康自立老人，指日常生活完全自理自立，不需要介助辅具的老人。这类人群的改造原则，主要是安全性的考虑，尽量规避因为环境处理上的不当，可能在日常生活中出现的诸如跌倒、火灾、意外等安全隐患即可。

第2种，虚弱康复老人，指日常生活中需要介助拐杖或者步行辅助器等移动的老人。这类老人完成复杂动作或者长时间操作行为时需要座椅辅助，外出时常常需要轮椅和陪护。

第3种，轮椅自助老人，指日常生活中需要轮椅，但上肢力量和行为正常，轮椅移动和使用时不需要他人协助，可以自立的老人。这类人群在环境条件不好的时候，可能需要排泄、入浴时的协助。

第4种，轮椅介助老人，指日常生活中需要轮椅，并且时刻需要他人的守护和协助的老人。特别是在换乘、排泄、入浴等行为时，需要他人的介助，同时需要保留足够的介助与介护空间。

第5种，卧床瘫痪老人，指完全失能老人，日常生活中大部分时间瘫痪卧床，所有行为都需要他人的护理。

4. 共通的适老化改造重点

居家无障碍环境设计和适老化环境设计与改造中，有一些住宅整体需要关注的共通的基础要素，其中包含：①安装扶手，②消除地面高差，③地面选材，④更换门扉。

（1）安装扶手

由于老年人身体功能整体老化，神经末梢的敏感性减弱，特别是脚底的感觉和反应功能有所退化，因此，需要在地面有高差的地方（台阶）、长距离移动的地方（走廊、过道）、容易失去平衡的地方（浴室、更衣室、门厅、出入口转身处……）安装扶手，以防失去平衡时造成意外跌倒事故。

扶手包括横向扶手、纵向扶手、L形扶手三种基本类型。

横向扶手，又称滑动式扶手，是在移动过程中使用的扶手（图3-6）。因为使用时，手是一边滑动一边前行，因此该类扶手一般是圆形（手扶）或扁圆形（肘扶），直径为32～36 mm。扶手的高度应该设在使用者的大腿骨大转子处为宜（图3-7）。横向扶手一般在走廊、楼梯、入口门厅等处使用。

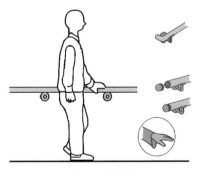

图3-6 横向扶手

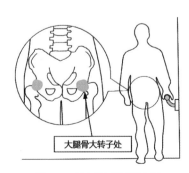

图3-7 横向扶手设置高度

　　横向扶手在端口收口处要特别注意，用L内收型收口将口部收入墙里，避免因为端部勾带衣袖使老人意外跌倒。

　　纵向扶手，又称抓扶式扶手，是在老人完成移乘、起坐时使用的（图3-8）。该类扶手为圆形，使用时为了更好地完成抓握的动作，握紧时要让手指可以叠加相扣，因此直径一般为28~32 mm。

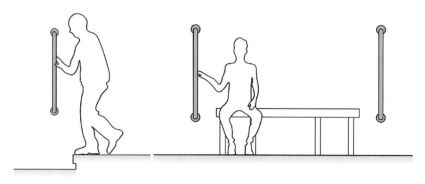

图3-8　纵向扶手

　　L形扶手，是纵向扶手和横向扶手组合的方式，一般在门厅、厕所、盥洗、浴室、更衣室等空间使用（图3-9）。

图3-9　L形扶手

（2）地面与高差

消除地面高差和对地面进行防滑、防湿等适老化地面处理，是居家适老化改造的重要内容之一。

住宅的室内高差，除了台阶以外，一般可以分为以下3种：

第一，不同材质地面间的高差。处理这类由于地面铺设的材质不同而形成的高差，可以直接购买塑料上坡垫，固定和移动的都可以。但是最好采用三向找坡的上坡垫，以免两端切面上的斜角高差碰到脚趾，造成室内跌倒的风险（图3-10）。

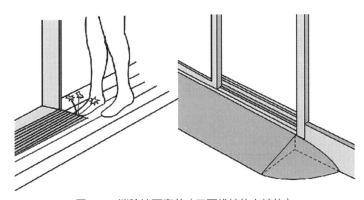

图3-10　消除地面高差（三面找坡的上坡垫）

第二，不同空间门槛高差。这类在不同空间门槛处形成的高差，也往往是因为不同空间使用不同材质的地面导致，可以在两种材质缝隙中间加收边条或嵌条封口。或者直接换门，去除门槛。（图3-11）

第三，干湿区域分水高差。这类为了避免浴室用水影响其他空间地面而产生的高差处理非常重要。因为此处有干湿分区的需要，因此最好的方法：首先，将平开门等换成上部滑轨的推拉门，去掉门槛；其次，在合适的部分设置地漏（最好在浴室内侧与门线平行设置长条型地漏），去掉挡水石；最后，再向浴室内侧地漏处找坡。（图3-12）

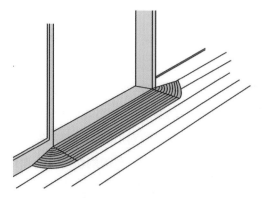

图3-11　消除地面高差（不同空间门槛处）

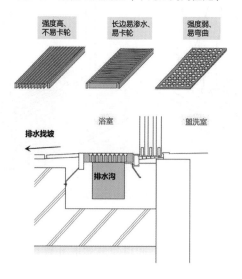

图3-12　消除地面高差（干湿分区）

（3）地面选材

在地面选材时需要注意以下4点：

第一，防滑。地面防滑非常重要，在浴室、厕所、盥洗、厨房等经常用水的空间，一定要严格选择地面沾水时也不会滑倒的材质，同时还要考虑地面积灰、鞋底防滑等综合因素。

第二，防水。地面是否容易滑倒和地面积水情况密切相关，有些地面干燥时防滑，但沾水后立刻容易滑倒，因此地面防水非常重要，厨房、浴室、盥洗、厕所等，只要用到水，水容易溢出的地方都要考虑找坡。

第三，地面的缓冲性。由于老人容易跌倒，因此地面选材上应注意缓冲性，选择冲击力吸收性好、有弹性的面材、填充材等。避免使用瓷砖、水泥地面等硬质铺地。

第四，耐久性。由于老人使用拐杖、步行器、轮椅等移动辅助工具时容易损伤地面，因此地面选材时要注意材料本身的耐磨损性、易维护性、易清洁性等。在采用地毯或软木地板时考虑易替换的可拼接式产品。

（4）更换门扇

考虑到轮椅的通行，老年人手部握力上肢能力的退化等多种因素，居家适老化改造中，对门扇的选型和处理也非常重要。在进行 "更换门扇" 的适老化改造设计时，主要有以下4个内容：

第一，更换门型。适老化改造建议使用，轮椅使用者更容易开启的推拉门和折叠门。当门洞的有效宽幅不够时，可以选择拆门并拓宽门洞宽幅。门的有效宽幅建议 ≥ 800 mm。

第二，更换门把手。适老化改造建议使用：平开门，使用压把式直把手；推拉门、折叠门，使用棒形门拉手。

第三，更换方向。平开门的开启方向会影响到空间的使用和开启侧行人的安全，因此，改造时应注意：不宜向廊道侧开门；厕所和浴室等狭小空间，门不能向内开启，避免危急情况破门救援时，门无法开启，或伤到内侧倒地的老人。

第四，更换位置。当住宅中门的开启位置，出现如不利于轮椅者使用、没有介护空间等问题时，建议根据老人的日常行为流线重新规划和设计门的位置。

5. 不同空间的适老化改造重点

如前所述，在积极老龄化视角下，具有适应性的居家适老化改造，首先应该准确把握老人的身心状态、ADL状态、居家环境的现状问题；其次，在将老人居家生活行为能力（包括各种辅具使用时的行为移动能力情况）具象化后，提出与之相匹配的居住环境适老化改造办法。

在针对不同自立程度老人的居家适老化改造中，不同空间的改造重点策略也有所不同。其中，①入口·玄关、②过道·交通、③厕所、④浴室·盥洗、⑤卧室、⑥厨房，六个空间的设计至关重要。

（1）入口·玄关（图3-13）

图3-13　入口·玄关改造透视图[①]

[①] 根据《住宅无障碍改造设计》（[日]高龄者住环境研究所，无障碍设计研究协会，中国建筑工业出版社，2015）中的部分配图改绘而成。

伴随着年龄的增加、人们身体各种功能开始退化，加上疾病所导致的肢体与感觉功能的障碍，老年人常常会对外出行为产生恐惧和抵触，选择闭门不出把自己关在家里，渐渐与外界隔绝。而这种孤岛式的生活状态，常常又会反过来进一步影响老人的身心健康。要改善这些状况，就必须从住宅出入口的环境设计入手，让老人可以安全自由、毫不费力地独立完成从室内到室外，再从室外到街边道路之间的通行和移动。其中，作为从室内到室外的移动场所，入口·玄关的设计是居家适老化改造的第一步。

根据老人是否使用轮椅的情况不同，其入口·玄关处的改造重点也有所差异。

● **健康自立老人**

对于健康自立的老人，入口空间的有效净宽要大于1 200 mm；如果入口处设有换鞋凳，则入口空间的有效净宽要大于1 650 mm。入户门净宽大于750 mm。门厅应设置换鞋凳、扶手、鞋柜、收纳空间（拐杖、折叠后的轮椅、助行器、购物车、婴儿车……）。（图3-14）

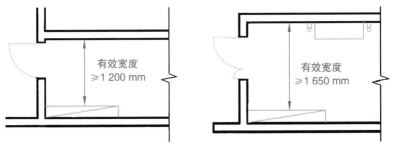

图3-14　入口空间的有效净宽（入口·玄关）（自立及虚弱康复老人）

因为老年人常常视力减退，因此在玄关及换鞋处，需要设置相应的感应灯、顶灯、照亮门锁的聚光灯等，并尽量采用多光源组合的形式来提供玄关处的各方位照明。

此外，玄关处的扶手要设置在入口处有高差的地方以及换鞋凳旁：入口处如果有高差（台阶），扶手应设置在下台阶惯用顺手一侧（一般为下台阶的右侧），并设置于台阶的下阶地面的上端；换鞋凳如果是固定的长条形鞋凳最好两侧都设置竖向的扶手，一方面便于不同使用习惯的老人使用，另一方面便于在老人出现偏瘫的情况下选择健侧使用。（图3-8）

● 轮椅及介护老人

坐轮椅的老人也有两种不同的使用情况：一种情况是老人上肢力量能力健全，可以自行操作轮椅的"自立使用"；一种情况是老人上肢能力障碍，需要介乎人员全部协助的"介护使用"情况。

自立使用轮椅时，门厅空间的尺度，除了考虑轮椅行进空间、轮椅换乘空间，还要考虑门的开合空间；介护使用轮椅时，门厅除了预留上述空间外，还应考虑介护人员的操作空间。特别是疫情防疫期间，门厅处还要注意留出室内轮椅与室外轮椅的换乘空间或者预留出轮椅的消毒与杀菌空间。

使用轮椅时，确保轮椅使用者的轮椅收纳存放空间非常重要。必要时应该预留出两个轮椅的收纳空间，保证外用轮椅的长期存放。此外，使用外出常用的电动轮椅时，要考虑在轮椅存放区设置插座，并根据插座的位置设置轮椅收纳时的摆放形式、方向、充电时电线的收纳情况等。（图3-15）

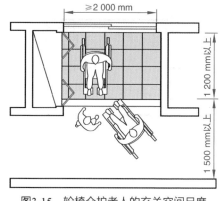

图3-15　轮椅介护老人的玄关空间尺度（入口·玄关）（轮椅及介护老人）

（2）过道·交通

住宅中的过道·交通空间是连接从客厅、卧室到其他各个功能房间（浴室、厕所等）的重要组成部分。过道·交通空间能否支持老人居家生活自由便捷地移动，很大程度上影响到了老人日常生活的居住品质。特别是距离较长的过道空间，在确保没有高差并有足够通行宽度的基础上，它还能够为偏瘫后的半失能老人提供安全有效的康复训练场所。

过道·交通空间中要注意的关键问题是：通道宽度、扶手设置、夜间照明以及过道旁房间的开门方式等。

● 健康自立老人（图3-16）

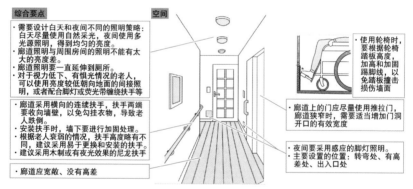

图3-16　各空间的改造要点（过道·交通）（综合要点）[①]

对于健康自立的老人，通道的有效净宽要大于750 mm，如果是需要人协助的半自立老人，通道的宽度建议为最小宽度750 mm的1.5倍。

过道的扶手应该采用安全牢固的，连续设置的横向扶手，扶手两端要收向墙壁，以免勾挂衣服使老人跌倒（图3-6）。扶手高度在老人

---

① 根据《住宅无障碍改造设计》（[日]高龄者住环境研究所，无障碍设计研究协会，中国建筑工业出版社，2015）中的部分配图改绘而成。

的大腿根部的大腿骨大转子处（图3-7），这样的设计使虚弱期或康复期的老人，可以在通道进行安全有效的步行练习，让过道成为老人生活康复的日常训练空间。扶手材质可以选用木制或者有夜光效果的尼龙扶手。

过道·交通空间的照明设计应该考虑白天和夜间的两种使用场景：

白天，尽量使用自然采光，局部补充辅助光源。

夜间，过道的照明要从卧室一直延深到厕所，并且要使用多光源照明得到均匀的亮度，同时要在过道设置多路开关（3～4处），以满足老人在不同位置上都能够自由方便地控制电源开关。对于视力低下、有惧光情况的老人，可以采用亮度较低和朝向地面的间接光源照明，或者采用脚灯、荧光带缠绕扶手等更温和的照明提示方式。

● 轮椅及介护老人

目前市场上销售的轮椅宽度常为620～680 mm，轮椅的基本通行宽度为轮椅宽度+（100～150）mm。因此，目前住宅过道通用的有效净宽900 mm，可以满足普通轮椅直进直出的室内通行和移动。但是，当通道出现直角转弯，或者进出狭窄的房门时，坐轮椅的老人就会出现通行困难的问题。因此，需要在这些拐角的阳角处做适当的抹角处理。

此外，过道上房间的门应尽量使用推拉门，廊道狭窄时还需要增加门洞开口的有效宽度。轮椅使用时要根据轮椅踏板的高度，加高和加固踢脚线的铺设，以避免因踏板撞击而损伤到墙面。

当然，在空间条件允许的情况下，过道·交通空间可以采用弹性设计，预留出910 mm的通道宽度：老人健康自立时把一侧设置为收纳空间，一旦老人失能需要乘坐轮椅时，则撤掉收纳柜，恢复910 mm的通道宽度，供轮椅及介护老人使用。

（3）厕所

自立排泄，对于老人来说是实现自立生活和人生尊严的第一步，对于护理人员来说也是避免过度护理，减轻护理负担的重要环节。因此，厕所空间的改造是适老化改造中需求最强烈的地方。而排泄行为的自立程度，又与老人能否过上有尊严的老后生活息息相关。（图3-17）

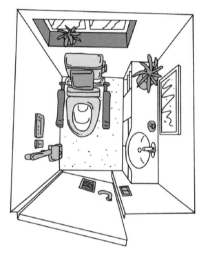

图3-17　厕所适老化改造透视图

随着年龄的增加，老人下肢活动能力逐渐退化，排泄时的起、坐行为和长时间地保持蹲位姿势都存在一定的难度。因此，厕所适老化改造的第一步，就是更换坐便器，把蹲便器改为坐式马桶。市面上常见的马桶有下收型、悬空型、突出型三种类型（图3-18）。

下收型马桶的下部留出了足够的空间，无论是老人的脚底还是轮椅的踏板，都比较容易进入和收放，是一种在任何情况下都比较好用的通用马桶形式；悬空型马桶，不仅满足轮椅可接近的原则，而且便于清扫，也是比较推荐的马桶形式；突出型马桶，由于下部空间被填满，不便于使用时老人的脚底摆放，同时轮椅也不易靠近，因此在适老化改造时要尽量避免选用。

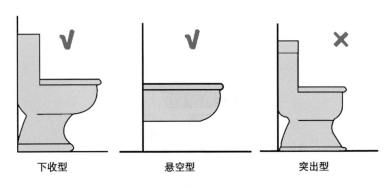

下收型   悬空型   突出型

图3-18 三种常见的马桶形式①

其次，由于老人使用厕所的次数会明显增加，厕所改造时要特别考虑夜间使用的照明及保暖问题，这时合理的如厕流线设计至关重要，建议从卧室门到厕所门的门间距离≤4 m，最好能满足可以直接从卧室进入厕所，或者将厕所与卧室进行邻接设置。

另外，厕所门最好采用容易操作的推拉门形式，如果厕所门是平开门，注意不要使用内开式（门向厕所内部方向开启）的平开门，以免老人在厕所意外跌倒时身体堵住门口，无法迅速地实施破门救援。

● 健康自立老人

目前我国很多住宅的厕所与浴室没有进行分离，都将洗面盆、坐便器、浴缸等设置于同一空间。对于健康自立的老人，这种普通的

① 根据《住宅无障碍改造设计》（［日］高龄者住环境研究所，无障碍设计研究
 协会，中国建筑工业出版社，2015）中的部分配图改绘而成。

卫浴一体式厕所空间，是可以满足其日常的如厕行为要求的。但是，这种干湿未分离的组成形式，会因为洗澡、洗漱时的生活用水打湿地面，导致如厕时老人容易滑倒。因此在条件允许的情况下，厕所应进行严格的干湿分离：将干区（常年干燥的区域：厕所、更衣）和湿区（地面容易沾水的区域：淋浴、浴盆、盥洗）进行完全的分隔或明确的区域划分。

在独立的厕所空间中，对于身体衰弱或者需要如厕协助的老人，空间的尺度建议为1 515 mm×1 515 mm，并确保坐便器的单侧空间留有500 mm以上护理人员协助如厕的操作空间范围（图3-19）。

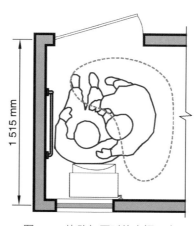

图3-19　协助如厕时的空间尺度

如厕时坐便器周围扶手的选型和安装非常关键，不恰当的设计与安装，非但不能起到省力助力的作用，反而会对如厕行为产生妨碍，甚至增加使用风险和安全隐患。

厕所扶手的数量和安装位置，应该根据厕所的空间形式、大小，使用者的身体情况、生活习惯的不同来进行设计，安装的具体位置也要根据使用者的身形尺寸经过模拟操作后，由使用者自行决定。

针对健康自立老人的厕所扶手安装主要有4种基本形式：侧面纵向扶手、侧面横向扶手、前方横向扶手、坐便器支撑辅具。其中，纵向扶手主要作用是提供抓握坐起时的辅助，横向扶手是提供站起后转身时确保身体平衡的作用。根据老人对如厕行为辅助的具体需求，也可以采用兼具纵横扶手功能的L形扶手形式（图3-20）。

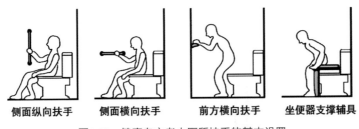

| 侧面纵向扶手 | 侧面横向扶手 | 前方横向扶手 | 坐便器支撑辅具 |

图3-20　健康自立老人厕所扶手的基本设置

● 轮椅及介护老人

无论是健康老人、失能老人还是普通群体，住宅内的厕所空间都应该进行严格的干湿分离。而对于坐轮椅的老人，无论是"自立使用"（上肢力量能力健全，可以自行操作）还是"介护使用"（老人上肢能力障碍，需要介乎人员全部协助），其对空间尺度的要求都会更大一些。同时，由于不同的老人，其如厕习惯各不相同，空间的设计也略有差异。轮椅老人的如厕方式可以大致分为以下4种：直接进入式、斜前方进入式、侧方进入式、斜后方进入式（图3-21）。

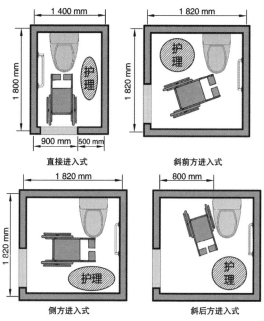

图3-21　4种不同的轮椅如厕方式（轮椅及介护老人）

　　①直接进入式的空间配置，适用于老人上肢力量较弱的情况。对于能够站立的老人，护理人员可以协助其转身并正常坐上马桶；对于不能够站立的老人，可以不用转身，由护理人员协助其面墙坐上马桶。这种方式，需要厕所空间进深≥1 800 mm。

　　②斜前方进入式的空间配置，适用于上肢力量较强，可以站立后移动2～3步的老人。这种方式，需要厕所空间满足1 820 mm×1 820 mm，"自立使用"、"介护使用"都需要预留出护理空间，并在靠墙侧设置固定扶手，不靠墙侧采用上抬贴墙收纳式的可调节扶手。

　　③侧方进入式的空间配置，是最常见的一种轮椅老人如厕形式，适用于瘫痪或半身不遂的老人（图例为右侧患侧者）的基本移坐位方式。根据护理人员的占位需求，这时要在马桶的正前方预留足够的护

理空间，空间条件受限时，建议采用易于收纳的折叠轮椅。在偏瘫老人如厕时，扶手要设置在其健侧一端。

④斜后方进入式的空间配置，适用于上肢力量较弱，不易于保持平稳安定坐姿的老人。这种情况，轮椅需要靠墙后退进入厕所，并先把不靠墙一侧的扶手移开，护理人员协助老人平移到马桶上后，再拉下有前方靠板的扶手，确认老人保持好安定平衡的坐姿后再退出房间。

（4）浴室·盥洗

浴室是住宅中意外事故最常发生的地方。特别是在寒冷的冬季，浴室内外温差太大，常常导致老人因洗澡前后血压急剧变化而突发心脑血管疾病；另外，浴室的地面湿滑、存有高差、缺乏牢固安全的更衣环境等因素，也会导致老人因为身体失去平衡而跌倒；还有，泡澡虽然对促进血液循环非常有效，但是不适宜的浴缸尺寸，也会使老人出现意外溺水等极端的情况……因此，浴室及盥洗室设计的关键在于安全性和预警性：浴室的适老化改造，要特别注意在保温、防滑、无障碍、应急报警等方面的设计。

另一方面，入浴行为也是老人日常生活活动能力（ADL）中，实施难度最高的地方。通常情况下我们的浴室大多比较狭窄、容易湿滑，而入浴过程中，从开门关门、移动、更衣到沐浴、入浴等，我们的入浴动作又相对比较烦琐而复杂。

如前文所述，卫浴空间中最大的安全隐患是没有进行严格的干湿分离。除了将厕所进行独立设置以外，浴室盥洗空间的干湿区域划分也非常重要。一般情况下，完整的入浴动作可以分为：更衣→进入浴室→洗净身体（淋浴）→泡澡（浴缸）。其中，干区为更衣区域，湿区为盥洗（偶尔易滑区）、淋浴及浴缸（严重湿滑区）的区域。（图3-22）

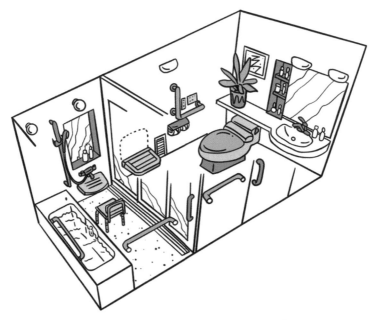

图3-22　盥洗室·浴室适老化改造透视图[①]

● 健康自立老人

　　健康自立的老人虽然入浴动作都能独立完成，但是在狭小空间复杂动作的情况下，对于环境安全性的考虑仍然非常重要。首先，进入浴室空间时，在浴室门型的选择上，应该注意：①避免使用内开门，以免老人意外跌倒时增加破门救援的难度；②避免使用易碎易伤人的大面积玻璃门，但是为了便于危急时刻的破门救援，推荐使用不易伤人的钢化玻璃门或塑料门；③为了便于老人的操作，条件允许时建议使用有防水保温功能的多扇大开口推拉门（净开口≥1 000 mm），且推荐采用内外均可开启的门锁形式。

---

　　① 根据《住宅无障碍改造设计》（[日] 高龄者住环境研究所，无障碍设计研究协会，中国建筑工业出版社，2015）中的部分配图改绘而成。

盥洗室需要注意防水防滑，其设计时的重点是：排水设计（图3-12）、洗面台和收纳柜高度、镜面设置、洗面台的脚下空间等。对于衰弱康复的老人，要注意在盥洗台旁安装收放式扶手。

盥洗室的主要任务是梳洗、更衣，有条件的家庭，可以在盥洗室内增加洗衣和收纳的功能，以便直接把更换后的衣服投入洗衣机，同时把干净的浴巾等清洁用品收纳在更衣室附近。但要格外注意洗衣机的排水和溢水等问题。建议按照就近设计的原则，合理规划干净衣物和需要清洗的衣物的取放流线，将洗衣机放在合适的位置上。

传统的住宅设计中很多没有考虑到更衣环节，使老人入浴前后的更衣行为常常被忽略。但是老年人，如果以不稳定的姿态完成入浴前后的脱衣、穿衣动作是非常危险的。根据老人穿脱衣服时的习惯、特点和身体及空间的情况，应该为其规划出安全合理的更衣空间，并设置好座凳、扶手等来稳定其整个更衣动作（图3-23）。

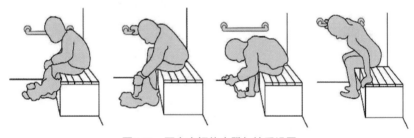

图3-23　更衣空间的座凳与扶手设置

我国的老年人很少有泡澡的习惯，大家比较喜欢洗淋浴，因为淋浴更快速方便，特别是对于坐轮椅的老人，只要正确使用浴凳或洗浴轮椅，并在老人保持安全稳定的坐姿时进行淋浴的助浴，护理操作会更简单省力。但是，经常泡澡对老人身体的好处很多，譬如可以缓解疲劳清洁皮肤、散寒除湿有效排毒、促进血液循环提高机体新陈代谢、改善末梢供血不足消除手脚冰冷等各种功效。因此，在浴室空间充足的情况下，建议将淋浴和浴缸设置成独立的浴室空间，达到有效的干湿分离，浴室空间尺度的最小面积≥1 650 mm×1 650 mm。（图3-24）

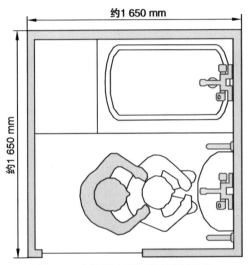

图3-24　含淋浴空间的浴室空间尺度

● **轮椅及介护老人**

对于轮椅及介护老人，盥洗空间的重点在于收纳、照明和暖通换气：首先，面盆周边应该合理预设轮椅自立老人伸手可及的诸如牙刷、漱口杯、假牙清洁用具、剃须刀、面霜等的收纳空间；其次，盥洗、浴室的整体照明亮度建议为100 lx，对着镜子剃须、化妆时的镜前亮度为300 lx，镜前避免直接照射，应该使用间接光源组合的配光、补光方式；另外，盥洗浴室需要有各自独立的换气设备，采暖时应该使用辐射式取暖设备，避免使用送风式取暖。

洗面盆前的镜前环境设计，需要考虑（图3-25）：

A. 镜子设置的大小尺寸，应同时满足坐位和站立两种情况下的使用，保证轮椅使用者的视线可及。

B. 洗面盆要采用较浅的薄型底部的产品，保证面盆的底部不会碰到轮椅使用者的膝盖。

C. 保证洗面盆下方有充足的脚下空间，排水管尽量收到墙后或者左右两边，不采用立式管和收纳柜。

D. 确认轮椅的扶手高度，不会和面盆底部产生碰撞和出现夹手的危险。

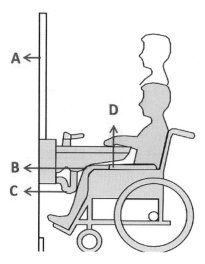

图3-25　盥洗空间镜前环境的设计要点

坐轮椅的老人入浴时，要特别注意高差、防滑和浴缸出入时的环境设计：

首先，浴室、厕所、盥洗等空间一定要消除高差（最小高差≤3～5 mm），特别是在浴室入口处，沐浴用轮椅一般自重轻、稳定性弱，微小的高差都有可能导致轮椅偏移失衡的危险；其次，要注意对于洗浴空间的干湿分区，切实做好浴室防水，排水沟可以设在入口处，沟挡板栅栏与门平行，与轮椅行进方向垂直，以免轮椅推入时卡住轮子。

此外，浴室空间中的扶手设计非常重要，在不同的位置，根据不同的使用场景设置要点如下（图3-26）：

①在浴室的出入口内侧设置纵向、横向扶手，用于老人到浴缸的移动。

②在淋浴前设置纵向扶手，用于老人洗淋浴前后的起坐时。

③在浴缸的前后部分设置纵向和横向扶手，用于老人出入浴缸时。

④在浴缸的靠墙一侧设置L形扶手，用于老人在浴缸内部的起坐。

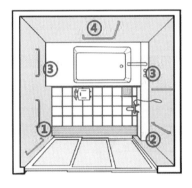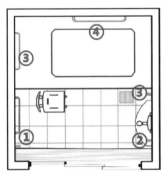

图3-26　浴室及浴缸周围的扶手设置要点

（5）卧室

卧室，是结束一天丰富而忙碌的生活后人们休息和充电的地方。良好的睡眠，也是展开第二天愉快生活的重要保障。对于老年人来说，卧室不仅仅是夜间睡眠的场所，特别是当老人瘫痪、卧床时，呆在卧室的时间会越来越长，有可能卧室还会成为吃饭、更衣、如厕、洗浴的地方……这样的生活会打乱老人正常的生活节律，使老人出现孤独、抑郁等情况。（图3-27）

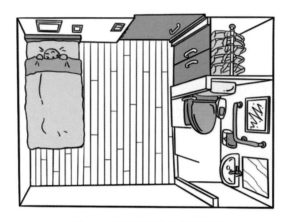

图3-27　卧室适老化改造透视图

● 健康自立老人

卧室的光照环境设计，应采用多光源组合照明，并且所有光源位置要避免卧床时的光线直射眼睛。此外，卧室的顶部光源要使用间接照明，或者加设可避免眩光的灯罩。（图3-28）

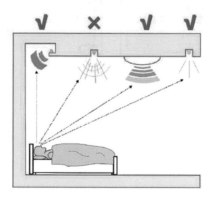

图3-28　卧室多光源照明设计[①]

[①] 根据《住宅无障碍改造设计》（[日]高龄者住环境研究所，无障碍设计研究协会，中国建筑工业出版社，2015）中的部分配图改绘而成。

● 轮椅及介护老人

　　对于轮椅及介护老人,卧室要与厕所直接相邻,浴室尽量就近布置。按照日常的如厕及入浴流程,尽量让厕所浴室等空间沿流线呈直线布置,便于轮椅进出。对于瘫痪的老人,可以根据护理需要,设置天轨搬运系统或者导入护理搬运设备等(图3-29)。对于重度瘫痪的老人,建议使用护理床、移动厕所等辅具,以减轻护理人员助厕、助浴、助行等日常护理上的负担。

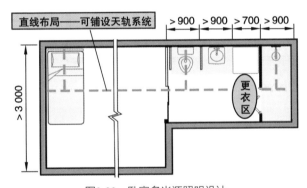

图3-29　卧室多光源照明设计

　　对于长期卧床的老人,其卧室最好能与客厅相邻,便于老人能够更多地感受到与家人共处的休闲氛围,卧室空间中要留有轮椅的回旋空间 $D=1\,500$ mm(图3-30)。卧室床头的摆放位置要便于看到窗外的景色,以缓解长期卧床带来的压抑情绪。同时,床的周围要尽量预留出3个方向上的可介护的空间,其中至少有一方需要满足有效介护空间宽幅 $\geqslant 900$ mm。对于单侧偏瘫的老人,当床靠墙摆放时,要注意应使老人身体的患侧靠墙,便于护理人员的护理操作。(图3-31)

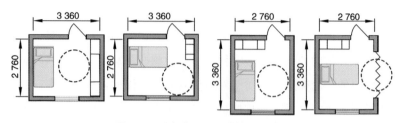

图3-30　卧室中预留出轮椅回旋空间

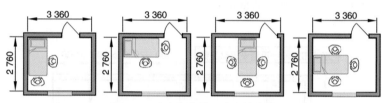

图3-31　床旁预留的三方介护空间

（6）厨房

退休以后，做饭、吃饭、喝茶、聊天、娱乐等行为变成了老后生活的主旋律，在时间上占据了很大的比例，也是最能让老后生活充实与快乐的部分。另一方面，积极从事家事活动，本身也是生活康复的重要组成内容，它可以有效地防止认知症的发生和恶化。

因此，厨房的改造与老后生活品质息息相关，住宅的适老化改造前，应该明确老人的烹饪工作参与程度，与厨房的使用习惯。

老人的厨房使用情况，根据老人的就餐与生活习惯以及身体情况的不同，可以大致被分为经常使用、偶尔使用、基本不用三种类型。

经常使用厨房的老人一般都是因为自己本身喜欢烹饪，这时候厨房的适老化改造应该考虑到老人身体衰弱甚至使用轮椅等情况，尽量改善作业环境，延长老人自立做饭的时间，让烹饪变成一种有意识的生活康复行为，延缓衰老提高生活品质。（图3-32）

偶尔使用厨房的情况，可以集约厨房的有效使用空间，尽量配备安全便捷的烹饪辅具，减轻做饭备餐的工作负担。同时，就近设置用餐空间，或者使用开放式厨房强化就餐环境的生活氛围、加强家庭成员间的交流与互动。（图3-33）

图3-32　厨房适老化设计透视图

图3-33　餐厅·厨房适老化设计透视图[①]

① 根据《住宅无障碍改造设计》（[日]高龄者住环境研究所，无障碍设计研究协会，中国建筑工业出版社，2015）中的部分配图改绘而成。

对于基本不使用厨房的老人，则可以对厨房进行局部改造，设置更集约的"迷你厨房"，满足加热、储存、洗涤等最基本的功能需求。

● 健康自立老人

在厨房的适老化改造上，要遵循安全性、功能性、舒适性的设计原则。

安全性包括：防止地面湿滑；采用安全的烹饪器具；使用感官功能退化弥补装置（温感、嗅觉、视觉等）；安装防火防泄漏报警装置。

功能性包括：操作台、餐桌的具体尺寸以老人是否使用轮椅决定；按照高效原理将洗菜池与灶台分设在操作台两边；冰箱的开门方向按照老人的左右手使用习惯购买等。

舒适性包括：开放式厨房，餐厨联合设计，打造易于交流的操作空间；结合照明、艺术、绿植搭配，营造舒适美味的就餐环境。

烹饪空间的设计，要使做饭的流线尽量简短，冰箱、水槽、灶台之间，要预留出合理的操作台位置。常用的有"I形配置"和"L形配置"两种。

"I形配置"的烹饪空间，动线单纯简洁，适合小规模的适老化厨房配置，但是其用餐规模越大，配置的长度越大，所以在用餐人数较多时，对厨房空间长度上有一定的要求。

"L形配置"的烹饪空间，操作时的移动距离较短，但是作业时需要一定的侧身、转身空间满足操作。该方式比较适合轮椅的移动特性，坐轮椅的老人使用时需要考虑预留出轮椅的脚下空间。由于L形配置在两个方向上都需要一定的长度，因此会占用更大的空间，对厨房空间在尺度上的要求更大。

● 轮椅及介护老人

对于轮椅及介护老人，具体的空间操作尺度是设计的关键。厨房应该按照冰箱—水盆—操作台—灶台的序列进行配置。当厨房内的烹饪作业需要转身，或者复合空间需要做转身的动作时，需要留出1 100～1 500 mm的轮椅回转空间。（图3-34）

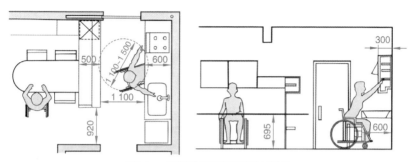

图3-34　厨房的空间尺度设计要点

3-4　小规模多功能的社区活动空间

● 从社区里生长出来的"养老据点"——【成都市某社区养老服务中心】

【设施类型】

小规模多功能社区养老机构

【开业时间】

2014年

【所在地】

中国　四川省　成都市　锦江区

【服务范围】

中国　四川省　成都市　锦江区

成都市某社区养老服务中心，位于中国四川省成都市锦江区静安路，距离附近医院仅有1 000 m，方便老年人的紧急就医需求。本设施位于成都某社区公寓楼的底层商铺部分，商铺区域还设有茶馆、餐

厅、教育培训等公共服务设施，属于社区商业中心的活跃地带。（图3-35 ~ 图3-37）

图3-35　成都市某社区养老服务中心（白天外景）

图3-36　成都市某社区养老服务中心（白天内景）

图3-37　成都市某社区养老服务中心区位图

1. 需求调研

在项目之初的2013—2014年期间，万科以访谈、问卷等形式对社区周围的老人做了关于"社区为老服务需求"的相关调研。调研结果显示，当地老年人对社区养老服务的需求主要集中在日托、访问、短期居住（短住）三个方面，其中又以对日托和访问两项服务需求所占的比例最多。老人们普遍不希望远离家人和朋友去入住陌生的养老机构，而是寄希望于社区的养老设施，可以像一个共享会客厅一样，既能满足日常的聚会交流，又能对老人们提供居家养老的各种支持，同时还能够解决术后康复、临终看护等多种维度的老后难题。

2. 平面功能布局

作为改建项目，设施受原建筑功能空间布局的限制，被中间的公共入口大厅分成了左右两个独立的部分。

其中，大厅左侧的空间朝向内院游泳池，具有较好的采光与通风效果，面对充满活力的游泳池也会给老年人的日常生活带来活力与乐趣，排除寂寞。因此，我们将老人长时间使用的多功能厅、趣味活动空间、兼具监视功能的开放式厨房等活力较强的空间设置在左侧动区。

　　大厅右侧的空间较为封闭安静，我们为老人设置了休息室、理疗康复室，共用洗浴助浴室等保健服务空间，便于老年人的康复护理和日间休息。为了保证安全，设施的左右两侧都设置了监护站，方便护理人员随时关注老年人的状况（图3-38）。

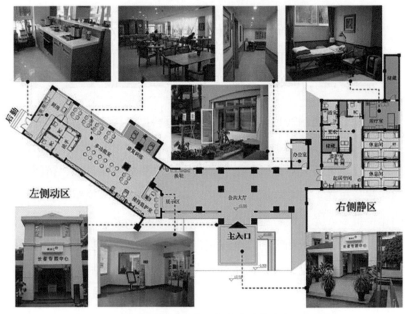

图3-38　成都市某社区养老服务中心（室内平面布局）

3. 餐厅兼多功能室

　　入口大厅左侧的餐厅兼多功能室，是动区的主要功能空间，也是设施里老人每天利用时间最长的大空间，老人们在这里吃饭、聊天、娱乐、休闲，并偶尔参加工作人员与志愿者们组织的丰富多彩的各项活动。因此，在这里的空间设计上，我们采用开敞式大空间的弹性设计，可根据活动内容和使用需求随机变换布局方式：可以满足诸如小组团活动、大集体活动、讲座演讲及动手游戏等不同活动内容的空间要求。（图3-38、图3-39）

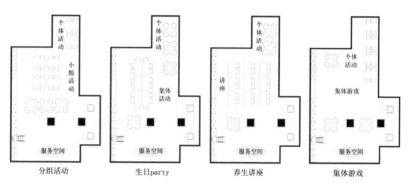

图3-39　成都市某社区养老服务中心（多功能厅弹性设计平面布局）

　　另外，老年人常常会因为年龄的增长、机体能力退化等，参与社会活动的能力降低，变成较为消极的社交角色。因此，在考虑到集体性活动布置的同时还要保证公共空间中有个别较私密的个体活动场所。

　　为了安全起见，我们把多功能室的两端分别设为护理人员使用频率较高的厨房和监护室，工作人员无论在哪儿，视线都可以覆盖到场内所有老人活动的区域，360°无死角，能够在认真工作的同时，轻松地兼顾到监护任务，实现养护双向的安全放心。

　　与此同时，多功能室以及餐厅等主要活动部分区域靠近窗户，具有良好的采光条件，且有利于形成室内外视线上的互动与交流。（图3-39）

4. 无障碍及细节设计

养老设施中的无障碍设计非常重要，它不仅可以为老年人提供安全放心的环境支持，帮助半失能老人完成基本自立的生活行为，同时还要考虑到护理人员的工作效率，并减轻她们在护理工作中不必要的身心负担。我们在本设施的无障碍设计细节上，也做了很多的尝试与努力。

首先需要特别注意的就是如厕空间。我们在保证厕所拥有足够的护理空间的同时，还在内部坐便器周围设置了各种情况下方便使用的扶手、自动冲洗设备等，确保失能与半失能老人能够自主如厕；在坐便器旁还设有紧急呼叫按钮、人影红外线摄像装置，便于及时发现老年人如厕时的异常与紧急情况；厕所的洗手池下方采用下空设计，便于坐轮椅的老年人使用；厕所门则采用宽度1 000 mm的加宽折叠式推拉门，便于轮椅进出；而且，为了防止因老人如厕时意外跌倒门无法开启的情况发生，厕所还专门采用了可以内外双向开启的双开门形式。（图3-40）

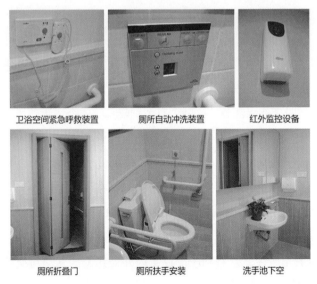

| 卫浴空间紧急呼救装置 | 厕所自动冲洗装置 | 红外监控设备 |
| 厕所折叠门 | 厕所扶手安装 | 洗手池下空 |

图3-40 养老服务中心如厕空间的细节设计

另外，浴室空间虽然使用频率不高，但却是最容易发生意外的地方，该区域的无障碍设计至关重要，本设施的浴室空间，首先严格采取干湿分区，并设置了有地暖设备的更衣室，地面采用防滑防湿的竹纹地砖。洗浴空间分别设置了淋浴座椅和辅助入浴的浴缸，供不同情况和需求的老人使用。在洗浴设备周围还设置了安全防滑的扶手，帮助老人起立、行走时的助力和预防跌倒。

此外，其他部分的细节设计还包括：廊道扶手、圆角处理、不同材质空间的无障碍出入口、照明设计、家居设计等。

5. 运营的一波三折

2014年该养老服务中心正式开业，一经开业即受到了社区老人们的极大欢迎，很快8个日间照料床位就迅速满签。

设施内工作人员共计6人，每日通勤员工4～5人，但每天接待老人数量最多却高达上百人次（其中含固定用餐40余人，日间照料17人）。此外，还有少数接受如理发、玩棋牌、聊天或艾灸、泡脚等养生保健服务的老人。设施还为前来活动的老人提供免费的接送服务，为不愿或不能出门的居家老人，提供送餐服务，并且开业即满员，一直保持极高的服务频率。

在长达近十年的运营过程中，该养老服务中心虽然深得社区老人及家属们的喜爱和肯定，但也不幸在行业境遇和企业调整的困境下，于2023年1月选择了关闭设施。但是，这个从社区里长出来的养老据点，从长期的社区为老服务中积累下来的丰富的经验和优秀的服务品质，依然会在更多的社区里落地生花。

3-5 小结：社区嵌入的"点·线·面·体"

作为社区养老的先行者，该养老服务中心模式无疑是成功的，它的前瞻性和扎根社区的地域性发展，有目共睹。未来，这样的小规模复合型社区养老设施，必将会是社区及居家养老的基础保障，是老人们安全放心的老后生活根据地。它应该以更灵活自由的服务，顺应社区动态的老化发展，时刻关注需求的变化，为社区老人提供更具针对性的服务，避免"一人失能，全家失衡"，做到"把握需求，按需提供；聚焦痛点，有求必应"。

实现社区嵌入式养老的第一步，就是要明确社区老人的实际需求；第二步，从需求出发，以小规模多功能的形式，开始在社区15分钟步行圈域内寻找与阶段性规模相匹配的闲置空间进行布点；第三步，根据"供给点"端收集到的使用者意见反馈，政府应该联合与组织各个相关部门，针对不同领域进行有计划的评估研讨、人才培训，并定期进行品质提升的组织策划工作。

（1）把握需求，洞察需求的动态变化，是开展社区嵌入式养老的第一步。从理论上讲，社区嵌入式养老中，为老服务的基本需求可以大致分为5个部分：居住空间服务、自我实现援助服务、经济援助服务、家政服务和医疗保健服务（图3-41）。

● **居住空间服务**

作为日常生活的基础，居住空间的安全、放心、舒适性非常重要。针对居住空间适老化性能确保所提供的无障碍住宅改造、适老化辅具配置、火灾报警装置、电磁化厨具的使用、紧急联络系统、安全确认系统、住宅维修服务等，是确保老人安心放心、自立自律居家生活的安全保护体系。

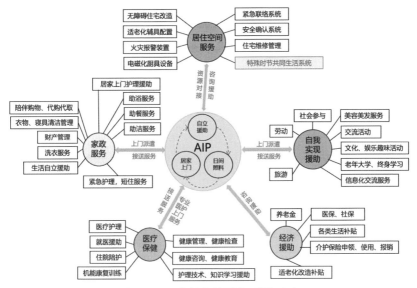

图3-41　AIP在地安养型社区服务内容

● **自我实现援助**

自我实现援助，主要针对老人的精神世界，以为老人提供愉快、充实、幸福生活的社区活动内容和空间为主。除了美容美发、社区交流、银发旅游、文化娱乐、老年大学、智慧交流等基础服务，未来还可以在老年人的就业辅导、社会参与等方面发力，为老有所用提供更好的社区发展环境。

● **经济援助**

经济高速发展下的财务和金融管理，是老年人在老后生活中比较容易出现障碍的地方。社区的养老服务如果可以为老人提供相关政策及具体申办上的咨询、代办、上门等服务，将会很大程度从赖以生存的经济基础生活上，帮助财务管理能力日趋衰退的社区老人。

● 家政服务

与市场化的家政服务不同，在社区嵌入式养老中，由政府提供或由政府统一购买的家政服务，应该坚持"积极发挥老人自立能力、避免提供过度服务"的原则，将社会福利资源合理化分配给需求最为急迫的，社区中的高龄独居、身体衰弱或者失能失智老人。

● 医疗保健服务

医疗保健服务，是社区为老服务的工作重点。在超高龄化背景下，社区、机构、医院三者要加强链接，通过高科技的数字化手段打通信息屏障，实现信息共享，简化流程提高效率，形成合理化的网络布局形态，相互支持、盈亏互补，在"两点、一线、三圈层"的体系架构中，形成组团式"医养融合"的新格局（图3-42）。

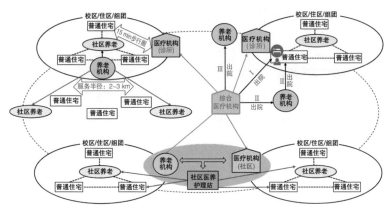

图3-42　"两点·一线·三圈层"社区医养串联模式图

（2）第二步，以"小规模多功能"的方式进行资源整合与功能配置。社区养老的真实需求，常常是根据不同的环境条件与个人情况在动态变化之中的。

　　以日间照料为例，随着老龄化、高龄化的逐步发展，社区中老人失能、失智的情况也会逐步恶化。这时候，日间照料的运营时间需要被延长（从8小时的运营，到24小时365天无休地不间断运营），功能模块需要被增加（短期住宿、喘息服务……），使用方式需要更加多样化（从过去老人自行到日间照料的点位上接受服务，到日间照料的功能逐步向社区延深，提供可以上门为老人提供的上门介护、居家生活援助、迎送服务等）（图3-43）。

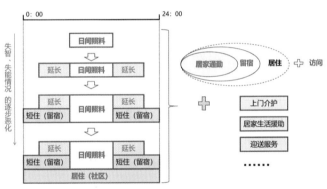

图3-43　"小规模多功能"的功能模块生成图

　　（3）第三步，在社区嵌入式养老的品质管理中，提供与社区需求（静态需求、动态需求）相匹配的社区服务产品是关键。而要解决这个关键性问题，政府应该积极努力建立一套"策划（Plan）→执行（Do）→评价（Check）→优化改善（Act）"的可持续性PDCA行动循环管理体系，强化社区自身"发现问题—分析问题—解决问题"的能力（图3-44）。

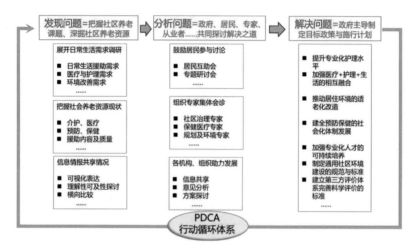

图3-44　PDCA行动循环管理体系建设

　　另一方面，从概念的基本含义出发，社区嵌入式养老既包含了现状条件下居民的所有需求，同时，也包括了未来发展背景下可能出现的不同阶段的新需求。因此，建立完善的PDCA行动循环体系，深入挖掘居民的真实需求，预测未来发展，活用社区资源，有针对性地解决社区问题，正是社区嵌入式养老中"点·线·面·体"结构性嵌入模型的高品质可持续发展的关键所在。

下篇

長屋 榮一

导言

日本作为世界上老龄化形势最严峻的国家，其护理产业市场正持续快速地增长。

日本实际的护理支出总额，已从2000年刚开始实施介护保险的3.6万亿日元增长到2016年的10.4万亿日元，几乎翻了3倍。而且，预计到2025年，支出总额将会超过21万亿日元，护理市场仍在逐年扩大。

然而，近年来，尽管养老护理领域是有发展前景的产业，但仍有许多公司相继破产。根据东京商事研究中心的一项调查，从2016年到2019年破产的护理行业经营者数每年超过100家，是10年前的3倍多。

养老护理，作为一种商业行为，破产的主要原因就是管理不善，也可以说是因为盈利困难和资金链断裂。项目策划定位失误、企业品牌与知名度低、业绩不佳等原因导致了销售量的低下，进而面临运营困难与资金链断裂等问题，而"人手"问题则是与之息息相关的重要原因之一。

入住机构的老年人情况各不相同。在实际的护理工作现场，确保为这些老年人提供服务的护理人员工作的稳定性相当重要。但是，护理行业一贯被认为是"3K"（即脏、累、待遇差）行业，长期存在着劳动力短缺的问题。2018年日本平均有效求职比率（有效期间内的求职人数和应聘人数之间的比率）为1.61倍，而在护理行业该比率却高达3.90倍，可见护理行业劳动力短缺的问题尤为严重。

此外，为了保证服务品质，日本法律对养老介护设施有最低人员配备标准的要求，因此，如果无法确保相应的护理人员数量，有再多的老人提出申请，即使机构拥有空床也无法接受老人入住。换句话说，护理行业中的劳动力短缺问题，正是直接导致日本养老设施经营失败的主要原因。

在日本，作者经营着专业做医疗与养老建筑的设计公司（后文简称"我公司"）。到目前为止，我们已经设计了700多家医院及养老设施。另外，集团下还设有独立的公司，自主运营着包括认知症老人之家、小规模多功能社区养老设施、住宅型收费养老院等在内的9处15家事业单位和养老机构。同时我们也在与同样面临老龄化等诸多问题的中国，开展着全面的养老及护理行业的咨询业务。

基于我们在养老福祉设施的建设、运营和服务支持方面的多年经验，我强烈地感到：良好的机构环境设计是确保入住者和护理人员不流失的先决条件！

良好的环境设计，不仅能让入住者感到身心舒适，同时还能够最大限度减轻在机构中从事繁重劳动的从业人员的身体负担和精神压力。

为此我们在设计中不断尝试各种设计手法，例如：采用L形平面布局，提高视线监护效率，使员工可以轻松把握入住者的日常行为状态；使用木制结构以自然素材减轻员工的工作疲劳程度；利用自然通风的风流动设计，达到自然消臭和净化空气的作用等。在本书中我将提到很多迄今为止，我们在实践中被反复验证的，可以切实留住员工并使其安心愉悦工作的，各种设计上的经验与方法。

此外，本书还详细介绍了基于这些设计经验而构建的常年满员的成功案例。书中还配有大量的照片和图纸，希望这些内容能够让您对"入住者居住舒适、介护者工作便捷"的日本介护设施有更直观与深刻的印象。

养老服务行业成功的关键是，从从业人员角度出发所作出的环境"设计"。这一点，对于正遭受严重劳动力短缺问题的护理行业市场来说更加重要。

如果本书能让那些即将涉足或者已然进入养老行业的人们，切实感受到养老设施环境设计的重要性，这也正是我，作为一名作者的荣幸与喜悦。

第 4 章

日本养老机构经营者的苦恼：
招不到老人入住，员工还总是跳槽

1. 遏止不住的运营失败

"深度老龄化的日本，养老护理行业，理当是稳赚不赔的行当。"

"十拿九稳，肯定赚钱！"

……

在日本，抱着这样乐观的想法，一脚踏进养老护理行业的人不在少数。但是，养老护理，绝不是一个轻易就能赚到钱的行业。从介护保险制度实施的2000年以来，日本每年都有不少企业破产。而且，近年来养老护理行业倒闭破产的件数呈逐年增加的趋势。

根据日本大型信用调研机构"东京商事研究中心"的数据显示，"老人福祉·介护事业"的破产件数从2016年起连续4年超过100家。其中2017年与2019年达到最高值111家之多（见图4-1）。

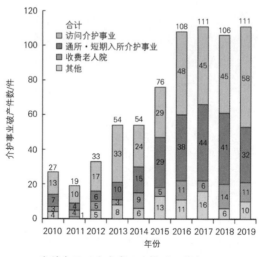

资料来源：东京商工研究（2019）。

图4-1 老人福祉·介护事业破产件数 年度推移图

2019年的负债总额也急剧增至161.68亿日元，并且发生了3起前
所未有的负债额超过10亿日元的大型破产案。另一方面，债务不到1
亿日元的案件有91起，占债务总额的80%。

究竟为什么，近年养老护理行业这样的倒闭破产事件一直有增无
减呢？

2. 机构数量增长中业内竞争的白热化

首先是过度竞争，也就是养老及护理业者之间的"竞争激化"。

图4-2总结了自2000年以来，日本"老年人住宅·养老机构"数
量的逐年变化。通过图表可以看出，认知症老人之家、付费老人院、
介护老人福祉设施（特养）、服务型养老公寓等养老设施的数量，一
直处于直线上升且持续增长的状态。

特别是进入门槛较低的付费老人院的新增规模，从2013年到2018
年，一共增加了近5 000家。在如此大幅度的增长中，不乏听到"养老
护理机构已经饱和"的舆论声音。

例如，2018年8月日本护理行业的专业报纸《银发新报》，就包
括民营收费养老院、服务型养老公寓在内的广义上的所有养老设施开
展了大规模的问卷调研。

问卷中，关于"您觉得养老设施很充裕？"或者，"您觉得养老
设施还不够充足"这两个问题，机构员工及护理人员的回答情况如下
（多项选择）：

① 非常充足 47%

② 还不够充足 4%

③ 缺乏普惠型机构 41%

④ 缺乏服务品质安全放心的机构 25%

⑤缺乏可随时入住的机构 3%

⑥其他 6%

整体上回答"觉得养老设施很充足"的人数约占四成，所占比例最大。另一方面，回答"觉得养老设施还不够充足"的人仅占4%。

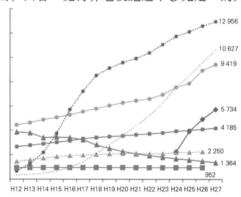

H12 H13 H14 H15 H16 H17 H18 H19 H20 H21 H22 H23 H24 H25 H26 H27

※1：介护保险3设施和认知症老人集体生活之家，参考"「介護サービス施設・事業所調査（10/1時点）【2000年・2001年】"和「介護給付費実態調査（10月審査分）【H2002年～】"的数据。

※2：介护老人福利设施，是指介护福利设施服务和地域密切型介护福利设施服务计费机构的总和。

※3：认知症老人集体生活之家，2000年—2004年是指痴呆对应型共同生活介护，2005年之后是指痴呆症对应型共同生活介护。

※4：养老人院・低收费老人院参考"社会福祉施设等调查（10/1時点）"的数据。不过，2009年—2011年是调查对象设施数量，2012年—2014年是基于投票数量。

※5：收费老人院参考厚生劳动省老健局的调查结果（7/1時点）。

※6：含配套服务介护公寓参考"サービス付き高齢者向け住宅情報提供システム（9/30時点）"的数据。

资料来源：日本厚生劳动省。

图4-2 面向老年人住房・设施数量

3. 尚未被住满的设施也并不罕见

从调查结果来看，护理服务事业的确已经处于饱和状态。

但实际上，由于不同区域，养老护理设施的水平参差不齐，高空床率的机构并不罕见。

举个例子来说，2015年12月在埼玉县举行的埼玉县议会的定例会上，福永信之议员提到，该县护理型付费老人院大多都处于不满员的高空床率状态："人们都说养老机构短缺，那么护理型付费老人院的情况究竟如何呢？即使算上了从其他区域调整引入的养老机构，但绝大多数机构仍然处于尚未满员的状态。根据针对县内运营机构所作的调查，埼玉县2015年3月已开设机构的员工数为18 095人，而县内介护保险使用者的人数为13 345人，约占74%。"

在机构总体数量较少的年代，老人及家属可能并没有太多选择的机会。但是今天，随着养老机构数量的不断增加，业内竞争的白热化发展，可供使用者选择的空间也在不断扩大，人们可以从多种渠道全方位比较，选择住区内最好的机构入住。当然，没被选中的机构必然由于经营困难，最终陷入濒临破产的境地。

4. 近七成的经营者深感劳动力短缺

导致经营不善乃至破产的另一个主要原因是"劳动力短缺"。

当前，很多养老机构处于无法确保足够的护理人员的状态，这一点让经营者伤透了脑筋。

根据日本介护劳动稳定中心公益财团法人在2019年发表的"2018年护理劳动实际状况调查"结果显示，有将近70%的企业感到缺乏从事护理服务的员工。

该调研还针对劳动力短缺的具体原因进行了问卷调查，近90%的受访者回答说"招聘难"。其中，"招聘难"的诸多理由又包括了："同行间人力资源竞争激烈"，"与其他行业相比工作条件不好"，"经济形势好，招不到想从事介护行业的人才"，等等。（图4-3）

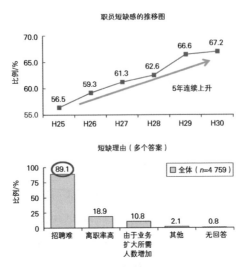

职员短缺感的推移图

※「"短缺感"是指从事护理服务人员严重短缺的状况，回答"严重短缺""短缺""有点短缺"比率的合计值。

资料来源：日本公益财团法人介护劳动安定中心（2019）。

图4-3　增加护理人才短缺感和短缺的理由

5. "3K"印象影响下导致的护理岗位长期缺人

劳动力短缺无疑是当今整个护理行业所面临的最大难题。机构内由于无法确保足够的护理人员，运营困难企业的数量也在持续增长。导致该情况的具体原因值得进一步深入探究。

上述调研数据显示，造成护理行业劳动力短缺的首要原因还是"招人难"。其次，是因为护理行业所特有的"3K"[①]（脏、累、险）工作性质所致。

与其他行业相比，护理行业不仅辛苦劳累，而且收入并不理想，同时护理老人时还存在诸多风险，护理人员要承受很大的工作压力，

---

① K 为日文「きつい、汚い、危険な仕事」3 个词语开头字母发音的缩写，中文含义分别为：脏、累、危险。

3K背景下的"招人难"问题一直难以得到有效的解决。

尽管工作如此艰辛，但护理工作一直给人们留下薪资待遇低的普遍印象。这样的现状更使得"招人"问题难上加难。因此，近年来，政府也在积极摸索改善的方法，护理人员的工资也有了明显的增长，特别是实施了对介护管理人员薪酬改善的政策，对持有国家护理师资质的管理人员在平均月薪的基础上提供了8万日元的补贴（图4-4）。

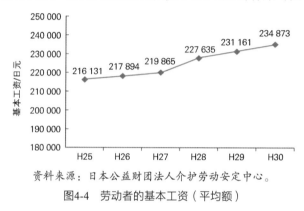

资料来源：日本公益财团法人介护劳动安定中心。

图4-4　劳动者的基本工资（平均额）

6. 六成员工不满3年就选择辞职

关于人才短缺问题，除了招聘困难之外，还涉及员工的高离职率。

在上述"2018年护理劳动实际状况调查"中，还进行了有关离职率的问卷调查。根据该报告显示，养老行业中"访问型护理人员与机构护理人员"的平均离职率为15.4%。其中，入住型机构护理员中，未满1年就离职的员工占38.0%，1~3年内离职的员工占比为26.2%。也就是说，大约有60%的员工实际工作不满3年就离职了（图4-5）。

在护理行业中，像这样从入职开始，短期内就离职的人非常多，尤其是在年轻人中迅速离职的趋势更为明显。养老护理行业更注重在工作中，与老人建立长期稳定的人际关系，然而今天，能长期致力于这项工作的年轻人却已经不多了。

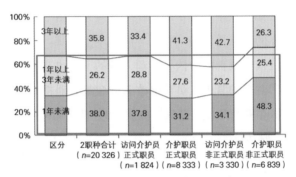

资料来源：日本公益财团法人介护劳动安定中心。

图4-5　离职者的工作

7. 老老介护变成养老机构的新常态

在劳动力无法得到充分满足的情况下，"高龄员工"成了很多养老机构中的"主要战斗力"。

根据"2018年护理劳动实际状况调查"显示，在日本的养老护理行业中，65岁及以上的护理人员占比超过10%，60岁及以上的护理人员占比超过20%（图4-6）。

其中，从不同年龄的分布情况来看，65岁及以上的"高龄员工"人数占比（12.2%），仅次于40~44岁（12.8%），45~49岁（12.3%）的护理人员占比，位列第三。

实际上，在我公司经营的养老机构中，也雇佣了很多所谓的"高龄员工"，而且他们都能很好地胜任这项工作。60多岁的人们仍然非常活跃，还可以正常上夜班，甚至他们中还有一些是年过七旬的老人。

今天，在居家养老中，护理者与被护理者双方都是老人的情况，正在被媒体当作社会问题大肆报道，而"老老介护"的养老机构，也正在悄悄地变成未来养老行业的"新常态"。

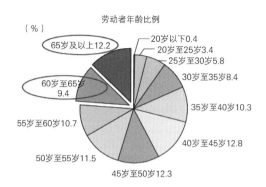

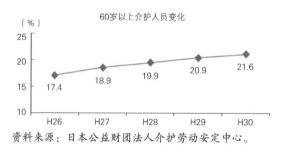

资料来源：日本公益财团法人介护劳动安定中心。

图4-6　介护人员的年龄比例、60岁以上的介护人员的比例

8. 不雇佣外国人的养老事业难以维系

除雇佣"高龄员工"外，现在，雇佣外国劳动者，也已经成为弥补养老护理市场劳动力极度短缺的一个重要手段。

例如，EPA（Economic Partnership Agreement，经济伙伴关系协定）作为护理行业经营者雇用外国人的方法之一，自2008年起就开始了接收"介护福祉师候补者"的相关工作。如图4-7所示，到2018年止，日本就有808家机构先后雇佣了4 302名"介护福祉师候补者"，并且接收的实际数量仍在逐年增加。

目前，在我公司运营的养老护理机构中，就有来自其他国家的护理员工在现场发挥着重要的作用。

日本政府为了进一步增加雇佣外国护理劳动者的数量，于2017年11月1日将护理职种添加到外国人技能实习生培训计划目标当中。可以毫不夸张地说：不雇佣外国人的日本养老事业，将难以维系。

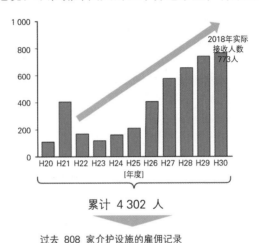

过去 808 家介护设施的雇佣记录
资料来源：日本厚生劳动省。

图4-7 基于EPA的接受介护福祉师候选者实际接收人数的变化

9. 介护行业的生存变得更加困难

人们需要充分意识到，诸如"由于过度竞争所导致的护理市场劳动力短缺"等诸多问题，在今后，仍然会是造成养老护理事业者们破产或者倒闭的主要风险要因。特别是随着日本总人口数量的减少，在劳动力日益匮乏的现状中，该问题将不可避免地变得更为严重。

如果现在开始，想要投身养老护理行业的话，人们需要更加慎重地考虑："如何能在与竞争对手的激烈角逐中，获取更多的客源？""如何能在人才短缺的今天降低离职率，留住护理人才？"等运营难题，否则企业想要在这样的竞争环境中生存下去会非常地困难。

第 5 章

介护设施的设计要领：
入住者居住舒适，介护者工作便捷

● 在能吸引使用者和护理人员的环境设计上下功夫

对于目前开始着手开展养老护理事业的从业者而言，在面对激烈的行业竞争和严重的劳动力短缺的问题时，有必要采取更有效的措施和方法以确保吸引并留住使用者和护理人员。

例如：要想吸引入住者，就要拿出"竞争对手没有的高品质的服务和个性化产品"；要想长期稳定地留住护理人才，就要考虑采取诸如"比其他机构更高的工资或者福利待遇"等措施。

当然，这些努力可能会产生一定的效果。但是，在采取这些单独的措施之前，其实还有更本质的问题需要考虑，这就是机构整体环境的设计问题。

无论机构的服务水平有多高，如果环境设计出现问题，让人们觉得生活的设施不安全、不舒适、不便捷……使用者就会产生"不愿意在这样的环境中长期住下去"的念头。

此外，无论给护理人员的工资待遇有多高，如果采用的是工作起来低效、疲劳、心理负担过大的平面布局结构和空间环境设计的话，护理人员也会产生"不想在这样的地方继续工作下去"的想法。

像这样，无论服务品质多么优秀、员工福利多么丰厚，使用者和护理人员都会抗拒在这种设计上粗糙马虎不走心的环境中长期生活和工作的。

相反，经过精心设计的环境，能够使居住者舒适地生活，使护理人员愉快地工作。在设计上下够功夫，将是一个巨大的潜在优势，定能在激烈的行业竞争中创造出更多的价值。

这就是能够让居住者憧憬着"想要在这里生活！"，让护理人员憧憬着"想要在这里工作！"的环境设计的重要作用。

● 追求"像家一样"的空间营造氛围

要想把养老护理事业做成功，首先最重要的还是要考虑机构环境的建设。设施内的环境设计，不仅要让入住者感觉舒适便捷想要"常住"，还必须通过有效的设计手段让护理人员感到轻松愉快愿意"常勤"。

那么，具体我们应该如何才能做到这一点呢？

简而言之，就是营造一个"像家一样"的机构环境。

长久以来，人们形成了一种"养老机构=收容所"的负面印象。曾几何时，养老机构被人们认为只是一个为需要护理的人群提供收容的场所，而忽略了它本应该是一个让那些需要被呵护的人们长期居住与生活的地方。

不过今天，人们还是逐渐意识到，养老机构应该是一个：

让需要被护理的弱势群体，作为堂堂的一个人，可以自然而然地自由生存的地方！

一个"像家一样"的地方！

设想一下，如果真有一个"像家一样"的机构环境，能让人们在那里，过着与在自己的家里一模一样的生活，并最终选择它为自己生命终点的栖息之地，这样的机构营建是多么重要呀！

同时，对于一个能在被使用者视为"自己的家"、"生命之终极归宿"的机构中工作的护理人员来说，这样的机构环境，也是一个让护理人员能够实现自己的服务理想，激发工作热情，升华自我价值的不二之选。相信这样的环境，也必会坚定护理人员"无论怎样都愿意一直在这里工作下去"的决心，也会让他们充满热情。

如此"像家一样"被精心设计的机构环境，必然能起到有效吸引入住者和护理人员的双重效用吧。接下来就让我们仔细探讨，这样的机构在设计上的要点和各种注意事项吧。

5-1 ━○
能让入住者、介护者都安全放心的环境设计

为了让使用者过上——真正意义上与"在家一样"的生活，有必要营造一种使他们从内心深处能够感受到的安全放心的机构环境。

同时，这样一个安全放心的环境，对护理人员心无旁骛地专注于工作也非常重要。例如，在防灾设施不完备的机构中，工作人员因为要操心"万一发生火灾的话，老人们可能难以顺利撤离"等问题，因此想要全身心地投入到每天繁杂细致的护理工作中，就会相当困难。

那么，让我们一起看看，要创造出这样一个能让使用者和护理人员双方都轻松自在的生活与工作环境，我们究竟应该从哪些方面入手呢？

1. 创造"防范逃跑"的机构环境

如果想要打造一个"像家一样"的生活环境，让居住者们都能够随心所欲地自由活动，那么首先要做的就是将公共区域出入口的通道门和单元门，设计成普通住宅常用的可以方便自由出入的自动门。当然，也要格外小心，要以最大的努力做到避免入住者的徘徊、走失和刻意逃离。

特别是对于有强烈"回家意愿"的认知症患者。他们常常会因为太想"回家"了，而在不知不觉中独自外出离开机构。机构工作人员

因为人数有限、工作繁杂，没有办法一直集中注意力，让每一位入住者时刻都在自己的视线兼顾范围之内。

虽然，我们可以在出入口或电梯处设计一个密码锁，但是，如果设计过于简单，由于入住者可能在护理人员使用时偷偷记住操作方法，并且乘人不备时反复模仿尝试，还是具有逃离的风险。因此，在做"防范逃跑"的机构环境设计时，还要注意诸如使用隐形密码锁，或者可定期自动更换型密码锁等防范设计上的许多使用细节。

2. 防灾的基础是双向避难

在养老机构的防灾设计中首先需要确保的就是双向避难。

双向避难，是指在机构的流线设计上，确保至少有两条或两条以上通往地面或避难楼梯的路线设计机制，无论火灾发生在何处，它都随时可以确保至少有一条安全的避难通道能够使用。

我们自己的养老机构就经常采用这样的双向避难设计，例如：两层楼的建筑，需要设计电梯、无障碍楼梯，同时在第二层设计宽敞的露台与室外楼梯。阳光明媚的日子，露台可以晾晒被褥，同时也可以在露台上摆放桌椅让老人们喝茶、聊天、晒太阳……一旦灾害来临需要避难时，就可以确保室内避难楼梯和露台避难楼梯两条逃生通路的启用。

而且，消防通道上的门，由于既需要在灾害发生时立即被开启，又需要考虑在没有灾害时的防范需求，因此，需要从平衡防范与防灾的双重作用出发，考虑在消防通道上安装并使用兼具这两个功能的酒店锁。①

---

① 酒店锁，是指可以直接从室内打开，但从室外打开时需要钥匙才能开启的门锁形式。

此外，另一个防灾时行之有效的方法是使用安全门。因为安全门具有与自动火灾报警器联动的全面解锁机制，可以避免出现自动门发生故障时无法开启的情况。

3. 设计因素之外，疏散演习也很重要

关于防灾，设计因素之外，日常的疏散演习也很重要。

根据日本《消防法》等的相关规定，养老机构每年要进行两次以上的逃生演练。但是这样的频率，即使是对于健康人来说，也会因为时隔太久而忘记了如何正确撤离，出现"糟糕，避难出口在哪里？"等脑筋突然短路的情况。因此，对于特殊人群来说，要记住它就更加困难。

在我们的养老机构，实际上每个月都要实施一次避难演习。所以，在日本消防局例行的消防检查时，每位老人都可以很顺利地采取避难行为。这使消防局的人常常惊叹："怎么这么快就完成了避难撤离！"

尤其是养老机构中如果出现火灾，将会导致非常严重的灾难。因此，我们要采取包括避难演习在内的一切可能的措施，来改善我们的防灾系统。此外，避难演习时我们还会为大家提供实用高效的"紧急防灾图"（图5-1）。

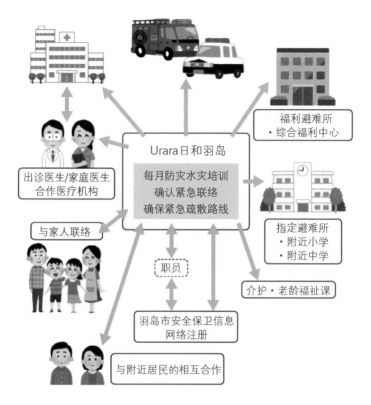

※安全避难地点因暴雨、海啸和地震等灾害类型而异

图5-1　紧急防灾图

4. 慎重选择地面材料以防摔倒

作为风险防御措施，预防摔倒的安全设计也非常重要。老人一旦摔倒，很容易出现骨折，如果造成瘫痪，腿脚不听使唤的情况，会使老人的日常生活受到巨大影响，其生活品质（QOL）也会急剧下降。

为了防止这种情况发生，养老机构设计之初，首先必须仔细考虑其地面材料的选择。

具体来说就是，要最大程度地选择可以防止湿滑（沾水后容易滑倒）与干滑（没有沾水时容易滑倒）两种情况的地面材料。

在防滑的基础上，材料的柔软性和弹性也很重要。老人万一不慎跌倒，柔软的垫层可以最大程度减缓摔倒时的冲击，对其肢体起到很好的保护作用。

此外，还有一点容易被忽略，那就是材料的耐久性。在选材时，应该尽量选择容易清洁、保养、维护的地板材料。例如，采用没有接缝的地板材料，就可以有效地避免接缝中因为水渍尘埃所导致的污垢和异味等。

5. 产生一个方向的气流以消除异味

"狭窄"、"压抑"、"嘈杂"、"黑暗"、"异味"……这些体验对于所有的人来说，应该都是不愉快的。更不用说对于那些由于身体受限而需要由他人护理的老人们，他们会更加厌恶这些让人难受又无法自主逃离的环境刺激。

而对于那些工作辛劳的护理人员来说，没有什么比摆脱这些令人不愉快的空间体验，创造出一个使其温暖舒适的机构工作环境，更让人放松愉悦的了。

机构环境营造的重点，首先应该考虑的就是"除臭"。当那些去机构访问过的人们被问到"你最介意的是什么地方"时，很多人的回答都是："机构里的臭味。"

在机构的"除臭"设计中，虽然有诸如前文所述，选择不藏污纳垢的地板材料，及时清除尿不湿等机构中的各种臭味源等方式，但是最行之有效的办法，还是要利用设计的手段，控制机构中的空气流向，不让臭气滞留在人们的生活空间里面。

　　具体来说，就是通过气流设计，使得由于老人大小便失禁或者呕吐等行为所引发的"异味"，不会滞留在原来的地方，而是由被设计的同一方向上的气流所携带，并及时被排出至室外的下风位置。这样，产生的异味会立刻随着空气无声无息地消逝而去，人们却完全不用为此而分神操心。

6. 导入风和光，创造舒适的环境

　　要想在空间内形成这样有序的空气流动，设计师需要根据风的导流路径来布置窗户的位置。而从外部导入空气的方法，除了通过使用24小时通风系统的机械方式以外，还有一种是通过利用大面积出挑的"屋檐"所产生的阴影，以自然温差的方式形成空气和风自然对流的方法。

　　延伸出来的深檐会在地面产生阴影，阴影区域中的空气比阳光照射部分的空气温度低。这种温差就会导致空气的自然对流，从而形成风。而且，屋檐出挑得越深越能产生风，这样即使在没有风的日子，只要打开窗户，自然风就会很轻易地被吹到建筑中来。

　　在中东等国家也有将风导入到建筑物内部的方法。例如，在伊朗，有一种机制叫作"风塔（Wind tower）"。"风塔"，也被称为"捕风器"，它不使用任何动力，在炎热少雨的地区，只利用自然界高处的风和室内外的温差，将外部的冷空气导入室内来完成空气的对流和温度的调节，使得室内环境更为舒适。

　　然而，与西方石结构建筑在立面上常用的纵向设计相对应，东方木结构建筑中则常常使用，通过屋檐的深度所产生的阴影来强调水平线的设计方法，这也被称为"阴影设计"。屋檐，不仅具有产生空气对流的实用功能，而且在外观造型上也发挥着非常重要的作用，这种功能与美感并存的"屋檐设计"，得到了西方建筑师们的高度评价与认可（图5-2）。

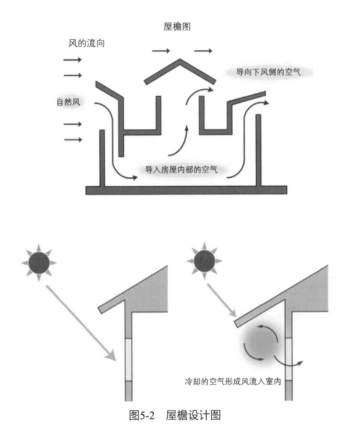

图5-2　屋檐设计图

除了风以外，光，是另一种需要被导入室内来营造健康舒适的居住环境的，非常重要的自然元素。

光，会给人们带来明亮和宽敞的感觉。只要有光和适度的空间，就可以完全去除诸如"狭窄"、"压抑"等这些让人不愉快的环境感受。

诸如"中庭"、"光庭"等，关于采光的具体方法，我们会在后面的章节中做更详细的介绍。

7. 巧妙规划办公室的位置，防止可疑者入侵

在养老机构中做好预防犯罪行为的安全设计也很重要（图5-3）。

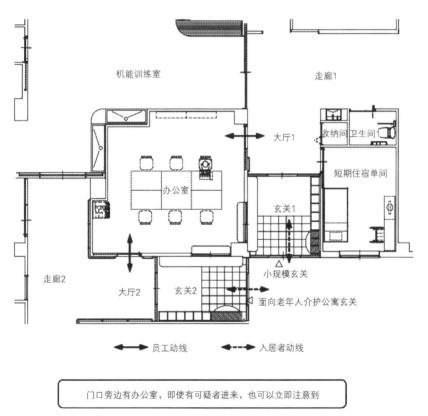

图5-3 办公室配置图

前面提到过的"酒店锁"在安全设计中虽然是一个非常有效的措施，但是，作为安全策略，我们应该从整体设计的空间配置入手，通过设计办公室的位置来防止可疑人员的入侵，提高工作效率。例如，将办公室设计在机构的出入口附近，护理人员在工作中也可以随时关注出入口的情况，如果有可疑人员徘徊或闯入，工作人员就会立刻发现并及时采取应对措施。

此外，在遇到有老人的家属或其他客人来访时，办公室设在门口也有助于更好地做好接待和迅速应对的工作。

同时，这样的设置还有利于机构对护理人员的日常管理。比如，当看到来上班打卡的员工时，管理人员可能会发现员工有"脸色看起来不太好，是不是身体不舒服？"、"最近情绪低落，是不是遇到了什么烦恼？"等情况，从而可以及时察觉异常，并立刻采取适当的措施。

8. 在设计上不允许留出护理视点的盲区

在养老机构的环境设计中，充分保护使用者的隐私也是设计的重点。

首先，从保护隐私的角度出发，原则上卧室应该是供单人使用的独立空间（也有例外，如对保护个人隐私不产生影响的亲密关系者包括夫妻同居者等之间的情况，则两人可以共用双人间卧室）。

其次，即使在客厅、起居等公共空间，为了保护隐私，也应该设计出可以供人们独处的空间。但是，这时需要注意，这些独处空间，不能出现护理视角上的盲区。比如平面设计时，要充分考虑以通透空间、近旁设计等方式，达到使工作人员操作时能保证在视角监护上的兼顾作用。

　　最近在养老机构中，流行在公共空间刻意留出视角盲区的设计趋势。其理由多是"保护隐私，避开他人视线，创造一个让人安心自由的空间"。然而，对于养老机构来说，这是非常危险的，如果在这些监护视角盲区老人发生了跌倒等事故，很难被护理人员及时发现，耽误了最佳抢救时间，后果将不堪设想。

　　考虑到以上这些严重的风险，养老机构在平面设计上，还是应该尽量规避出现护理人员视线不可及的盲点空间。

9. 能够帮助老人自立的功能设计

　　在养老机构的设计中，应该从老人"能够做的事情"、"能够理解的事情"出发，尽量采取在安全放心的基础上，能促进老人自主判断和自力行为的援助型环境设计方法。

　　从这个角度出发，需要通过适当的方式在走廊、卧室、卫生间、客厅等处安装扶手，这时听取现场的居住者关于"扶手安装的具体位置"的意见至关重要。

　　如果扶手安装的位置不合适，不仅不利于有效促进老人的自立行为，而且还会额外增加护理人员的工作负担。相反，如果可以充分听取现场使用者，诸如"不仅是A位置，B位置最好也安装一个扶手"等意见，这样就能达到让老人更安全方便地自行上下楼梯的效果。

　　听取现场意见的形式，能够起到既促进老人自立，又帮助护理人员工作省力高效的双重目的。（现场意见收集的方式，除了用在扶手安装上，还可以用在浴室和卫生间的设计、配件的选型、机构环境整体营造等各个方面。）

　　另外在养老机构的环境设计中，厨房操作台、厕所马桶的高度应比一般设施略低一些，便于身材较普通人群略微矮小的老人们使用。

同时，机构内部的标识系统及看板上的文字，也应该采用辨识度高、尺寸较大的设计，并放在醒目的位置，起到提醒和警示的作用。

10. 为生活的持续性提供援助

在机构的卧室或者居室环境的设计上，最重要的是要想办法让使用者在这样的生活环境中，觉得安心舒适。

特别是在卧室设计上，要秉持确保老人"生活上的持续性"的原则，为老人打造一个与过去的生活拥有同样记忆的空间环境。

具体的做法包括：在居室中摆放家人的照片，允许老人把在家里常用的衣柜、梳妆台、佛龛、家具等物品带到机构里来等，根据每位老人的个性化意愿来自行装饰和营造各自的卧室与居室空间氛围。

例如，一些患有认知症的老人特别喜欢洋娃娃和毛绒玩具。机构的工作人员应该尊重他们对这些物品的依恋或想法，并用积极礼貌的态度与行为来对待它们。

上述这些措施，可以有效防止或者减轻"迁移综合征"（指因生活环境的突然变化而引起的压力和焦虑，这些压力会加剧认知症老人的病情恶化）给入住机构的老人们所带来的焦虑和其他的不良影响。

此外，机构工作人员应该想办法，帮助老人保持与其家人或朋友之间的紧密联系。例如：协助老人们自己和家人通话、写信；帮助他们制作各种节日问候的明信片、贺卡；鼓励老人随时到办公室来寻求工作人员的沟通交流协助等。

但是，在机构设计中，关于"迁移综合征"，有一些认知上的盲点，设计人员应该特别注意。近来，越来越多的养老机构引入了很多新的智能化设备，比如洗面池里可伸手感应的水龙头、根据天气明暗度变化可自动调节的室内照明设备等，这些对普通人来说方便舒适的设计,对认知症老人却是非常不友好的,甚至还会使认知症患者病情恶化,异常行为发生的频次增加。

诸如此类,只要觉得好用,就施行全方位智能化的做法,作为另一种意义上的环境突变,对环境适应力弱的人群而言也是不好的,在设计上设计人员一定要反复探讨并慎重决策。

11. 促进相互交流

为了让老人们在机构中安心地生活,去除机构生活的孤独感也非常重要。

机构生活中的孤独感,会直接造成老人精神上的压力和不安。因此,机构设计中要尽量创造出能让使用者与很多人交流和接触的空间环境。

首先,为促进机构内老人之间的相互交流,可以考虑在起居室等公共空间放置沙发,营造出可以轻松愉快自由聊天的空间。在我们自己机构中,会在公共空间里设置有榻榻米的地台,老人们常常围坐在那里,一边下着围棋或象棋,一边聊天和放松身心。

此外,还应该打造一个,可以让机构内居住的老人与当地居民等外部人员,互动交流的外向型公共空间。例如,在机构的场地内安装座椅或者在机构外围设置缘侧空间(日式外廊空间),为周边散步途中偶尔路过的人们,留出一个可以随时休憩和交流的地方。

这样就可以通过创造一个容易让外部居民进入和交流的场地,使得机构内的老人能够与当地居民产生交流并形成自然互动的良好地缘关系。

5-2 —◦

介护设施类型

介护设施有各种各样的类型。而且根据这些设施的选址不同，需要考虑的重点和注意事项也各不相同。接下来，就让我们看一下这些介护设施的基本类型，以及城市中心型和郊外型间，占地面积等在建筑环境与配置上的差异。

1. 介护设施及养老设施的主要类型

目前常见的设施类型有以下11种。

①收费老人院（包括带护理·住宅型）（日文：有料老人ホーム）

②小规模多功能居家介护（小规模多功能养老设施）（日文：小规模多機能型居宅介護）

③认知症老人之家（集体生活之家）（日文：認知症高齢者グループホーム）

④服务型老年公寓（日文：サービス付き高齢者向け住宅）

⑤特别养老护理院（日文：特別養護老人ホーム）

⑥社区型特别养老生活护理院（迷你型特别养老护理院）（日文：地域密着型特定施設入居者生活介護、ミニ特養）

⑦护理型康复养老机构（日文：介護老人保健施設）

⑧护理型疗养医院（介护疗养型医疗设施）（日文：介護医療院）

⑨银发分售型集合住宅（日文：シニア向け分譲マンション）

⑩普惠型养老院 / 护理住宅（日文：軽費老人ホーム / ケアハウス）

⑪日间照料（日文：デイサービス）

这些设施当中，有的由于共同募金制度使事业介入时就比较困难，有的则是机构的规模、运营结构本身比较复杂，再加上，介护保险制度的修订，使得养老机构的经营难度有所增加。因此，从事业开展难易程度来看，实际上比较容易介入和运营的机构只有以下4种：

（1）收费老人院，（2）小规模多功能居家介护，（3）认知症老人之家，（4）服务型老年公寓。

接下来，我们将着重介绍这4种设施。（其他设施概要，请参照表5-1内容）

表5-1　其他设施的说明

特别养老护理院（日文：特別養護老人ホーム）	为65岁以上，在身体与精神上有比较严重的障碍，需要长时间接受专业护理，且在家中护理比较困难的人群，提供机构入住的服务。服务内容包括：助浴、如厕、助餐等基本照料；各种咨询及援助服务；提供社会生活服务、其他日常生活服务、机能训练、健康管理和疗养照料等多元化服务
迷你型特别养老护理院（日文：ミニ特養）	服务内容同上，但人员限定在29人以内的规模（社区微型养老机构）
护理型康复养老机构（日文：介護老人保健施設）	针对已无需住院治疗，但还需要护士或护理人员为其提供诸如专业康复训练等医疗服务的老年群体，为其提供康复服务的专业机构
护理型疗养医院（介护疗养型医疗设施）（日文：介護医療院）	以需要长期疗养的老人为对象，根据机构制定的护理服务计划，在疗养及医疗的管理、看护指导之下，为老人提供护理、功能康复以及其他必要的医疗与日常生活上的照料

续表

银发分售型集合住宅 （日文：シニア向け分譲マンション）	具有完备的适合老年人生活配套的，符合无障碍设计标准的分售型集合住宅
普惠型养老院 / 护理住宅 （日文：軽費老人ホーム / ケアハウス）	为那些没有家人照顾的老年人提供的，免费或者以低额费用为其提供膳食服务、必要的日常生活服务等，帮助其过上安全放心的老后生活的普惠型援助机构

（1）收费老人院

收费老人院，是指根据老年人福祉法的要求，让老年人入住，并为其提供助浴、助厕、助餐，或者膳食、洗衣、扫除、健康管理等各类服务的养老机构。具体有以下3种类型（图5-4）：① 住宅型收费老人院，② 护理型收费老人院，③ 健康型收费老人院。

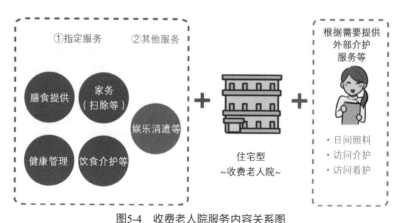

图5-4　收费老人院服务内容关系图

① 住宅型收费老人院

"住宅型收费老人院"，是指当老人的身体出现障碍需要专业护理时，即使机构中没有相应的服务，老人仍然可以继续在该机构中居住，同时可以在机构中使用，由外部机构提供的"上门访问护理服务"的收费老人院。

②护理型收费老人院

"护理型收费老人院"，是指机构内部设有护理服务的收费老人院。当老人的身体出现障碍需要专业护理时，老人可以直接使用由本机构提供的"特定设施入住者生活介护服务"，继续在本院的老后生活。

"特定设施入住者生活介护"，是针对在指定机构中入住的护理等级被评价为"要介护者"或"要援助者"的人群，并在机构内为其提供日常生活照顾、机能康复训练、疗养上的照顾等多样化的服务内容，且一切费用由介护保险支付。

③健康型收费老人院

"健康型收费老人院"，是指为老人提供膳食服务的收费老人院。但是，当老人的身体出现障碍需要专业护理时，老人需要解除合同并搬离该养老机构。

成立上述机构的条件，因"收费老人院"的类型不同而标准各异。例如，"住宅型收费老人院"没有具体的人员配备标准，而"护理型收费老人院"则对养护比等人员配置有严格的标准和要求。

（2）小规模多功能居家介护（小规模多功能养老设施）

小规模多功能居家介护设施，是为老人们提供小规模多功能的居家护理服务的社区型养老设施，也被称为"小规模多机能养老设施"、"小规模多机能型居家介护设施"等。

所谓小规模多功能的居家护理服务，是指以①通所护理服务（日间照料）为中心，并设②居家上门访问护理服务（居家上门）、③短期入住生活护理服务（短住服务）的，三位一体的地域嵌入式为老护理服务（图5-5）。其中，①～③的具体内容如下：

① 通所护理服务（日间照料）

日间照料，是指老人就近来到机构，接受助浴、助餐、康复训练等护理服务，是可以每日通勤的社区照料机构。

② 居家上门访问护理服务（居家上门）

居家上门，是指访问上门的养老护理人员（家庭护理员）到家里，为老人提供助浴、助餐等护理服务，和洗衣、做饭、清洁打扫等家政服务的居家上门为老服务方式。

③ 短期入住生活护理服务（短住服务）

短住服务，指老人短时期入住机构，接受机构内的助浴、助餐、康复训练等护理服务。

以上3项服务，旨在促进老人与地域内居民们的持续交流，和积极参与地缘活动，让老人们能在熟悉的环境中，保持自立自主的日常生活。

小规模多功能养老设施，采用的是企业登录制度。作为登录条件，在以下3个方面①使用者、②人员配备、③环境设备，对企业有具体的要求。

① 使用者

·每个机构的登录会员人数不大于29人。

·日间照料每次的使用人数不大于18人。

·短住服务的使用者上限为9人，且仅限登录会员使用。

② 人员配置

·介护与看护人员：

白天，日间照料养护比为3∶1（使用者3人∶护理人员1人）+居家上门护理人员1人。

　　夜间，居家上门护理人员1人+短住服务人员1人=2人（其中1人可算为值夜）。

　　·介护援助专员1人。

　　③ 环境设备

　　·日间照料规模要求，使用者人均面积大于3 m²。

　　·短住服务居室规模要求，人均面积一般为4~5个榻榻米（1个榻榻米=180 cm×90 cm），且要能够确保个人隐私。

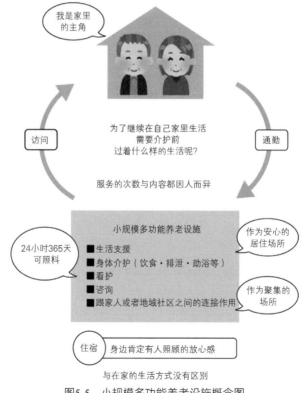

图5-5　小规模多功能养老设施概念图

（3）认知症老人之家（集体生活之家）

认知症老人之家，是针对认知症老人，提供认知症应对型共同生活护理的专门机构。

认知症应对型共同生活护理，是指让认知症老人们共同居住，为他们提供助浴、助餐等基础护理、日常生活照料、康复训练等，让其过上自理自立的生活所提供的援助护理服务。认知症老人之家，以家庭式的环境氛围和与社区居民之间的地缘交流为基础，尽可能达到让老人们能够按照自己的意愿来生活的目标（图5-6）。

在我公司运营的认知症老人之家，常常为老人们提供如下各项服务内容：

① 助浴、助厕、助餐等，日常生活的陪护照料。

② 购物、散步，助乘公共交通的外出援助。

③ 协助其参与地域交流活动，与大、中、小学间的交流，娱乐活动（唱歌、计算、绘画、书法、插花、种植园艺）。

同时，我们还与各医疗机构共享信息紧密合作，创建复诊出诊制度，活用由医疗机构提供的访问看护、访问牙科等专业医疗服务。

认知症老人之家，在环境设备上要满足以下具体要求：

①机构内需要设立1个以上的"护理单元"（日文：ユニット）。

②每个"护理单元"的居住者应为5~9人。

③在老人的居室（卧室）或居室附近应该配置可供居住者相互交流的设施、设备。

④原则上每个居室（卧室）只能住1人。

⑤居室（卧室）面积不低于7.43 m^2（不包括收纳设备所占空间）。

⑥评估等级为"需支援1"的老人不能使用该设施。

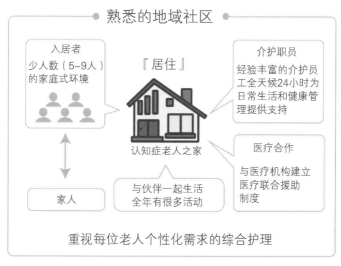

图5-6　认知症老人之家设施概念图

（4）服务型老年公寓

服务型老年公寓，是根据2011年"老年人稳定住房法（老年人住房法）"的修订而创建的，可供单身老年人、老年夫妇家庭租赁和居住的集合住宅，日文通常缩写为"サ高住"（图5-7）。

在①规模、设备，②服务，③合同关系这三个方面，服务型老年公寓必须满足以下要求：

① 规模、设备

·原则上每户建筑面积≥25 m²（但在老年公寓内居室、食堂、厨房等其他公共空间有足够面积满足老年人共同使用的情况下，每户建筑面积可为18 m²以上）。

·各部分应配备专用的厨房、马桶、收纳空间、盥洗设备和浴室（不过，在公共区域内已提供了可共同使用的厨房、马桶、收纳、盥洗、浴室等相应空间，并确保该部分与住户内设空间使用环境相同或优于内设空间的情况下，则不必为每个住户单独配备以上空间）。

·无障碍设施完备（确保走廊宽度、消除高差、安装扶手）。

② 服务

·安全确认、生活咨询两项服务必不可少。

（其他服务内容包括：提供膳食、清洁卫生、洗衣等家务援助。）

③ 合同关系

·居住部分有明确的契约关系。

·确保老人居住的稳定性，经营者不得以长期住院为由，单方面解除合同。

·不得收取除与押金、房租、服务等价以外的其他费用。

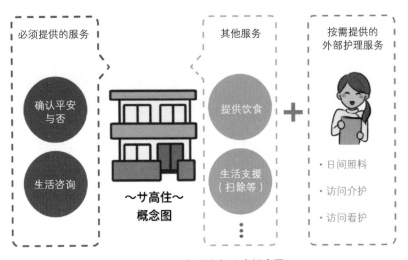

图5-7　服务型老年公寓概念图

2. 不同类型设施的理想规模有所差异

护理机构的理想规模不能一概而论。根据机构的不同类型，其占地面积与建筑面积也各不相同。

一般而言，我们需要注意的是，面积"不能太宽，不能太窄"。如果面积太宽，管理起来会非常困难；反之，如果面积太窄，又会让使用者有压抑窒息的感觉。

如表5-2所示，我们列举了自己运营的各机构的用地面积、建筑面积、总建筑面积等指标作为参考。其中奥町、柳津、羽岛、江南四个案例将会在下一章中进一步详细地说明。

表5-2　日本介护设施「丽」机构一览表

机构名称	用地面积/m^2	建筑面积/m^2	总建筑面积/m^2	结构	种　类	入住者或使用者/人	职员数/人
关	963.85	538.56	825.31	木结构	认知症老人之家（3护理单元）	27	28
柳津	996.66	598.36	996.77	钢结构	住宅型收费老人院/小规模多功能养老设施	16/29	24
羽岛	1 230.98	642.17	1 101.02	钢结构	服务型老年公寓/小规模多功能养老设施	18/29	26
江南	1 361.46	572.88	846.63	钢结构	认知症老人之家（2护理单元）/小规模多功能养老设施	18/29	38
芋岛	1 017.16	603.98	1 162.74	钢结构	服务型老年公寓/小规模多功能养老设施	22/29	29

机构名称	用地面积/m²	建筑面积/m²	总建筑面积/m²	结构	种类	入住者或使用者/人	职员数/人
关原	1 329.25	215.48	386.98	木结构	认知症老人之家（1护理单元）/认知症应对型通所（日间）照料（认知症老人之家活用）	9/3	14
奥町	816.89	446.72	851.09	木结构	认知症老人之家（2护理单元）/小规模多功能养老设施	18/29	38
金山	609.93	260.78	531.85	木结构	认知症老人之家（2护理单元）	18	19
郡上	8 617.3	1 021.3	1 029.43	木结构	护理型收费老人院	29	28

3. 城市型比郊外型更需要人手

城市型设施与郊外型设施，在用地面积、楼层数等指标上会有所不同。

因为城市型设施土地购买的成本较高，用地面积受到很大的限制，一楼能够设置的房间数往往比郊外型机构少。

例如，如果郊外型设施的1楼设置29个房间的话，在相同成本下城市型设施的1楼常常就只能保证10个房间的数量。因此，为了保证相同的容量，城市型机构只能向上发展，增加2楼、3楼甚至更高的楼层数来满足床位数的需求。（图5-8）

不过，随着都市型机构楼层数的增加，员工的人数也要随之增长。特别是当遇到需要值夜班的情况，如果只有1层楼，机构可以只安排1名护理人员值夜，但是如果是有2层、3层楼的机构，即使每层楼床位数不多，但只安排1人值夜班就比较困难。

<郊外型>　　　　　　　　　　　　　　　　<城市型>

确保宽敞的用地，可建成平房　　难以确保宽敞的用地，向上发展加高楼层

图5-8　郊外型与城市型的比较（都市型高楼层概念图）

上述情况下，城市型设施比郊外型设施需要雇佣更多的员工，因此人力成本也会更高，机构运营时管理者对这一点一定要有充分的认识。

5-3 ——○

选择非机构化，像"家"一样的结构设计

关于养老机构的结构设计，从防灾面上考虑，受到几项法律规定的限制。

例如"收费老人院"，原则上规定建筑本身需要满足建筑基准法的"耐火建筑"或"准耐火建筑"的标准。

同时，根据消防法等相关规定，它还必须配置完善：避难、消

防、报警等的设施设备；以及遭遇地震、火灾、燃气泄漏等各类事故和灾害时的应急设备。

此外，都道府县等各自治体还有其独立制定的关于养老设施建设的各种方针导则等，对其结构设计方式进行了一系列的相关规定。

因此，"收费老人院"需要在满足上述所有法规标准的基础上，才能策划出一个非机构化，像"家"一样的木结构设计方案。

1. 3种主要结构方式：木结构、钢结构、钢混结构

养老机构的基本结构有以下3种形式：①木结构（日文简称：W造），②钢结构（日文简称：S造），③钢筋混凝土结构（日文简称：RC造）。

① 木结构（W造）

木结构，指主体结构用木材的结构形式。W是英文Wood（木）的缩写。

② 钢结构（S造）

钢结构，指支柱、梁等结构主体部分使用钢材的结构形式。S是Steel（铁）的缩写。钢材厚度<6 mm的叫作"轻钢结构"，钢材厚度>6 mm的叫作"重钢结构"。

③ 钢筋混凝土结构（RC造）

钢筋混凝土结构，指支柱、梁、地面和墙壁等承重的主要构建，由钢筋混凝土组成的结构形式。RC是"Reinforced Concrete（钢筋混凝土）"的缩写。

2. 各自的优点及缺点

下面，让我们来看看W造、S造、RC造，三者的特征和各自的优缺点。

首先是建筑成本，木结构费用最低（W造），接下来是钢结构（S造），成本最高的是钢混结构（RC造）。过去，钢结构（S造）和钢混结构（RC造）的成本差距很大，但是近年来，钢结构（S造）的成本有所增加，钢混结构（RC造）的成本却变化不大（同等情况下，木结构：约80万日元/坪；钢结构：约95万日元/坪；钢混结构：约105万日元/坪）。

其次是竣工周期，耗时从长到短的顺序是：①（W造）→②（S造）→③（RC造）。

另外，在结构的稳定性和耐火性上，不少人会持有"木结构的防火抗震性最差"的观点。然而，近年随着高科技的开发和使用，人们这种对木机构的陈旧观念，正在被急速地修正与改变。

例如，由日本一般财团法人"木结构建筑推进会"出版的《木材活用数据整理研究报告》，就对于木结构在使用的安定性和耐火性上的情况做了如下阐述：

"小型木结构住宅和大型木结构建筑的性能并不比其他结构类型建筑的性能差。现在，为了能更好地提升大型木结构建筑的品质，我们在木造建筑的信息共享和人才培养等方面做了积极的探索和尝试，期待今后在木结构建筑的设计环境上有更好的表现。"

"提到木结构，人们总会有遇火灾立即燃烧的印象，但是经过对木材特性的深耕和对新技术的研发，新型木结构已经成为一种可以应对火灾的防火结构，并且有很多达到了'准耐火结构'、'耐火结构'标准的梁、柱、墙体材料的构建被开发出来。今天，这些技术在建筑中的使用实例也在不断增加。"

在耐火性方面，还有一点值得补充，实际上钢结构（S造）在某些方面比木结构（W造）更加脆弱。钢结构虽然在一定的温度内比木结构的耐火性强，但是一旦超过高温临界点，结构就会立刻变软坍塌，造成无法弥补的损失。例如，在美国"9·11"事件中不幸坍塌的世界贸易中心大楼就是全钢结构主体的大型公共建筑。

3. 实验证明：木结构（W造）比钢结构（S造）和钢混结构（RC造）更具舒适性

那么，①W造、②S造、③RC造，三者之中究竟哪个更好呢？通常，机构的结构选型策略，需要在考虑上述主要结构特征的基础之上，针对个案的具体情况再做具体分析。

例如，对于在城中闹市修建的机构，首先是要有抗震、防火的防灾意识，该情况下当然应该首选稳定性和耐火性最好的钢混结构（RC造）。

但是，从前文提到的非机构化之"家"与"住宅"的观念出发，毫无疑问最理想的结构选型却只能是木结构（W造）。因为钢混结构的建筑，常常会给人带来一种类似在医院或者收容所一样的感觉。而木结构，作为传统建筑的一般形式，也几乎是所有日本人自家独立住宅所采用的结构形式。因此，木质的空间感受深入人心，也自然成为人们心目之中"家"该有的样子。

值得一提的是，科学实验结果表明：与钢结构（S）和钢混结构（RC）相比，木结构（W）是一种可以让人减压并感觉舒适的结构形式。

在1980年的一项科学实验中，人们将老鼠幼崽分别放入①木制、②金属、③混凝土三种不同材质的箱体中饲养、观察，并对它们的存活率进行了比较研究。实验结果显示：23天后，① 木制箱中的老鼠幼崽生存率最高，超过80%；②金属箱中的老鼠幼崽生存率仅有40%；③混凝土箱中的老鼠幼崽生存率最低，不到10%。

进行上述实验的，是日本静冈大学农学部的研究团队，在他们题为"基于生物学评价方式的关于各类材料的居住性能研究——老鼠饲育绩效评价"（出自《静冈大学农学部研究报告》，静冈大学农学部编著）的学术论文中，还对以下结论做了进一步的阐述：

"在木制箱中存活的幼崽群后续发育成长都很正常，但在混凝土和金属箱中的幼崽群却出现了明显的发育停滞现象，且频繁出现猝死的幼崽。其中，23日大小的老鼠幼崽，在木制箱群中的存活率为85.1%，在金属与混凝土箱中的存活率却非常低，分别为40.1%和6.9%。"

论文最后得出结论："作为相对各类材质的居住性在生物学意义上的评价方法，该实验结果不仅显示了处于快速成长期，特别是幼崽期（哺乳期）阶段，以身体成长与脏器发育为目标的老鼠饲育实验的有效性，同时也充分说明了，作为动物的居住环境，木制材料比金属和混凝土的材料在品质方面有明显的优势。"

诚然，该实验结果"木质结构在居住性能上的品质优势"不仅是针对老鼠，而且针对广义上的一般动物也都普遍适用。

同样，在养老设施中，木质环境是最能带给老人们舒适愉悦感觉的，同时对于在长时间高强度工作中的护理人员来说，木质环境也是最能让他们解压和放松下来的。譬如，混凝土的地面坚硬平坦，如果在上面长时间的站立和行走会感觉非常疲累，但是，木地板所特有的适当的自然弹性却可以有效减轻脚部疲劳。

另外，木地板不隔音，声音的传导性强，在护理人员的视线盲区如果出现了老人跌倒的事故也可以被及时发现。因此从风险管理的角度出发，木质地面同样具有一定优势。

此外，在暖通设备的清洗成本、年度折旧费用、固定资产税、城市建设税等方面，木结构也有自身的优势（表5-3）。

表5-3　木结构成本折旧优势

折旧年限比较（法定耐用年数）			
用途	钢筋混凝土结构（RC造）	重钢结构（S造）	木结构（W造框架墙施工法）
住宅	47年	34年	22年
医院/诊所	39年	29年	17年 *[1]
年折旧费比较　※ 建筑面积2 500 m², 每坪单价80万日元的情况			
年折旧费	钢筋混凝土结构（RC造）		木制结构（W造框架墙施工法）
	2 230万日元		3 380万日元 *[2]

*1 虽然折旧年限为17年，但是因为其抗震耐火性能很高，实际可以使用50年以上。

*2 W造比RC造每年折旧费用高1 150万日元。

※ 80万日元中，假定施工费用为30%。

资料来源：参照三井住友建设株式会社的资料制成。

4. 采用双坡屋顶的外形设计

如果想要对住宅做全面彻底的空间设计，就应该有意识地注意到建筑的外形（外轮廓）设计。而在养老机构建筑外轮廓的选型中，有以下3种常见的方式：①平屋顶、②单坡屋顶、③双坡屋顶。

一般来说，城市型机构中，①平屋顶较多，而郊外型机构中，②单坡屋顶、③双坡屋顶较多（图5-9）。

从形状上就不难看出，上述3种外形设计中，从①到③（①→②→③）建筑的费时费力程度递增，与之对应所用的成本也会增加。因此，从节约成本的角度出发，人们常常会考虑选择②，或者①。

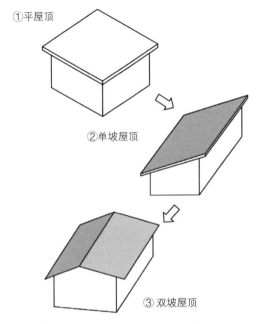

①平屋顶

②单坡屋顶

③ 双坡屋顶

图5-9 3种常用屋顶（平屋顶、单坡屋顶、双坡屋顶）

　　然而，当问到三者之中哪一个更有"家"的感觉时，答案毋庸置疑当然要选③双坡屋顶。

　　当远远地看到夕阳余晖的映射之下人字形屋顶的建筑轮廓时，日本人就会不由自主地有一种"呀，到家了！"的温暖感觉。

　　反之，①平屋顶建筑，却容易让人觉得庄严肃穆，难免给人留下一种与"家"的感觉相距甚远的印象。

　　另外，建筑外形设计还要考虑建筑楼层的问题。楼层过高，总是会让人有强烈的压迫感。因此，我们自己设计和运营的养老机构所选择的理想形式为，一层的平房或者两层的楼房。

5-4 —○

个性化的设备规划

养老机构多由卧室、餐厅、公共活动室、盥洗室、卫生间、消防等各类防灾设施设备构成。在这些设备的规划设计中，除了考虑前文所述的安全性能之外，还需要有意识地去了解每一位使用者的身心状况、生活方式和生活习惯等个性化要求。

1. 适老化的暖通（采暖、通风、空气调节）环境设计

首先，大多数的使用者由于高龄化的影响使其对体温的调节能力降低，而室内环境过热或者过冷，都有可能导致老人的身体状况出现异常，所以在空调的使用上一定要格外小心。

尤其是采暖设备，近来选择安装从脚底开始逐渐加热的地暖设备的养老设施逐渐增多。因为地暖可以逐渐升温，具有避免室内温度急剧变化，温和安全的各种特点，所以具备了更多适老化的优点（表5-4）。

表5-4　地暖的优点

①从脚底发热	由于冷空气下沉，及时使用空调暖气仍然很难到达底部，但地暖从足底开始发热，采暖效果更好
②空气、皮肤不易干燥	由于地暖不会吹出热风，因此皮肤中的水分不易被蒸发
③不扬尘、空气洁净	与空调不同，不会有因气流产生的尘土飞扬；也不像火炉，因燃烧造成空气污染，所以空气更洁净
④房间整体升温	地面整体温度相同，不会有闷热上火的感觉
⑤节省空间	地暖不会占用空间，所以更节省空间

资料来源：根据东京燃气株式会社的网页"家事"专栏相关信息整理而成。

其次，作为适老化的暖通环境设计，屋脊通风和空气调节施工法
也非常关键（图5-10）。

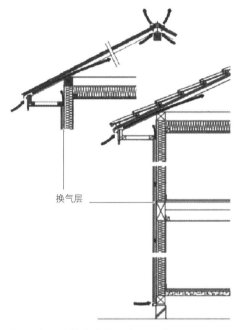

换气层

资料来源：日本公司株式会社ハウゼコ（Hauseco Co., Ltd）。

图5-10　屋脊通风和空气调节施工法示意图

屋脊通风，是指为了排出坡屋顶顶部的湿气和热气，而安装在屋
脊内侧（顶部）的通风换气系统。在屋脊的顶部设置换气（排气）构
件，将充满屋顶内部的热空气和湿气自然排出室外。屋脊通风装置，
能够使机构内部始终保持令人感觉舒适的温度和湿度。

空气调节施工法，是一种将进入到外墙内（墙体内）的水分和湿
气，排放到建筑物外部的方法。该方法可以切实防止墙体内部湿度过
大，从而有效地提高建筑物的耐久性。

此外，关于空调设备，很多养老机构都采用可以进行集中管理的中央空调进行统一控制。但是，集中管理的中央空调一旦局部出现问题，可能导致所有房间的空调都无法使用，无论是炎热夏季的制冷，还是寒冷冬季的供暖都将停摆。尤其是夏季的高温天气（超过35℃），如果没有空调，机构里入住的老人存在很高的中暑的风险。

为了避免上述情况发生，建议机构各空间使用相对独立的分体式空调设备，这样不仅可以防止中央空调各空间之间的相互影响，同时还可以根据每位老人的身体情况和具体需求进行更灵活的温度调节与控制。

2. 适应视力变化的环境

随着年龄的增长，老年人会出现视力减弱，视野变窄的情况，而且看东西时也会逐渐变得模糊。为了弥补这种因为老化带来的视觉功能的下降，在养老机构内确保足够亮度的光环境设计也非常重要。为了达到这个目的，需要在机构内的光导入设计上积极地下功夫。比如，充分利用"隧道效应"的光导入方式（图5-11）。

图5-11 "隧道效应"示意图

隧道的中间一片漆黑，但靠近出口处会感觉到强烈的光亮。在养老机构的环境设计中可以利用这种"隧道效应"的视觉效果。

譬如，我们可以试着将机构中的走廊或过道的端头，设计成没有尽头的样子，把端头处的墙壁换成很大的开窗，让光线能从窗户中照射进来，同时，通过这样模仿自然光的开窗设计，还可以带给人们一种穿透而出的开放感与酣畅感。

另外，在视力上，还需要考虑到有色觉障碍的人群。很多色觉障碍者是难以分辨出红色和绿色的，因此，在设计楼梯踏步上的踏面颜色时，建议选择黄色，这种让色觉障碍人群也比较容易识别的颜色。

3. 镜子的摆放也要适应个别性

养老机构，应该是一个能满足让所有老人都过上舒适生活的场所。

因此，设计师要通过认真倾听每一位老人及其家属的意见与要求，充分了解每一位老人的独特需求和千人千面的人生体验，并让这些个性化的诉求在设备的设计方案中得以体现。

例如，在罹患认知症的老人中，有一些对镜子会有特殊的反应。当他们发现房间里设有镜子时，会突然变得焦虑不适、心情烦躁，无法保持安稳平静的状态。

因此，像"认知症老人之家"这样，在专门为认知症老人提供集体生活场所的设施中，设计师要特别注意洗手间内镜子的尺寸大小和安放位置，以免让老人因看到盥洗室的镜子而产生心慌不适的感觉。

然而，在普通老人与认知症老人混用的"小规模多功能养老设施"中，由于普通老人在餐后洗漱和补妆时常有照镜子的需求，因此，设计时两者的需求要同时兼顾，当认知症老人使用盥洗室时，设计师需要想办法，通过诸如使用幕布遮盖镜面等方法，避免认知症老人使用时看到镜子。

4. 打造"居場所"

虽然被统称为"舒适环境"，但"舒适环境"的形式却是丰富多彩各不相同的：有的悠然静谧；有的绿意盎然……而真正最理想的能让人感受到舒适的环境，却总是因人而异的。

当然，也有一种情况可以让所有人都产生"舒适"的共鸣。这是一种能够让人有终于找到了"属于自己的地盘儿"的感觉，这就是所谓的，找到了自己的"居場所"（日文"居場所"，指在的地方、呆的地方、坐的地方，它有归属的意思，可以指一个让人呆起来自由舒适，有掌控感，一个有个人偏好的领域，一个让人觉得专属于自己的地盘儿）。

如果是呆在属于自己的居場所（地盘儿上），人们可以在精神上感受到最大的轻松和宁静，另外当与大家一起在挥汗劳作后感到辛苦疲乏之时，居場所也可以为护理人员们提供一个放松身心充电休息的舒适环境。

同理，在养老机构的公共空间中，老人们也同样需要这样一个可以被称为"居場所"的专属自己的地盘儿。即使仅仅是在大厅一角布置一个可以随意落座的椅子，它都可能变身为让机构老人们喜爱的惬意舒适的"居場所"。

5. 使用移动换乘的介助辅具与设备

在移动换乘的介助辅具与设备上，也要根据每位使用者的个体特征来选择和准备。

首先，对于腰腿衰弱的老人，我们必须为他们准备助行器，帮助他们能够更舒适地进行移动，同时还应该积极导入IT、机器人等新技术来实现更好的自立移动援助。例如，我们在对老人进行移动换乘帮助时，提供动力辅助系统的作用非常重要。动力辅助系统，是一种通过安装辅助装置来帮助人们在完成操作动作时获取动力的省力助力系统。

近年来，护理机器人也很受欢迎，其中名为"帕劳"（PARO）的治愈系机器人受到业界用户们的广泛青睐（图5-12）。"PARO"是由独立行政管理机构（现为日本"国立研究开发法人"）产业技术综合研究所（日本"産総研"）开发的海豹型宠物机器人，主要用于认知症患者的精神疗愈。

图5-12　海豹型宠物机器人帕劳（PARO）

此外，由日本SOFTBANK公司开发的人形仿真机器人PEPPER也颇受关注，这款护理协助型机器人正在被越来越多的养老机构引入使用（图5-13）。

譬如养老机构中的认知症老人常常会一遍又一遍地重复同样的

话，面对这样的场景，不厌其烦地认真回应，是针对认知症患者的护理工作中的一项重要内容。但是在实际工作中，这样的交流可能会耗时好几个小时，这对原本就很辛苦的护理工作者来说会非常困难。但是，如果是乖巧懂事的机器人的话，应对这样的工作就完全没有问题（图5-14）。

图5-13 人形仿真机器人（PEPPER）

图5-14 康复机构机器人疗愈场景

6. 导入监控智能化设备弥补人手不足等问题

从解决劳动力短缺问题的角度来看，IT、人工智能、机器人等尖端科学技术的导入，在未来将变得越来越重要。

　　如前文所述，相较于郊外型养老机构，在对人力资源需求更高的城市型养老机构中，更应该考虑在夜间护理工作中使用监控摄像头。

　　毕竟，如果机构内安装了监控摄像头，即使在夜间工作人员人手不足的情况下，也不会发生因疏忽遗漏而产生的寝室内老人跌倒事故，能够最大程度地保证入住者机构生活的安全性。

　　监控摄像头在欧美养老机构里的使用非常普遍，但是在日本，由于对隐私保护的规定非常严格，因此尚未得到广泛应用。但是，如果劳动力短缺的问题持续恶化难以得到有效改善，未来摄像头在养老机构中的使用限制也将会有所放宽。

　　另外，关于IT信息技术的使用，由于疫情的影响，养老机构与外部的接触受到限制，使家属与亲友无法在线下探视老人。但是，正如新闻中报道的那样，我们非常惊喜地看到，IT技术支撑的视频见面会，却以一种全新的方式守护着亲友与家人们之间深深的羁绊（图5-15）。

图5-15　养老机构中的视频见面会

5-5 ——○

居住舒适、工作便捷的空间布局与各空间规划

让使用者感到居住舒适，让服务者觉得工作便捷的空间布局究竟该是什么样的呢？让我们来看看不同空间（卧室、卫生间、浴室等）设计时的规划要点和注意事项吧。

1. 入住型机构和"通所"型机构的空间构成不同

在空间的组合构成上，入住型机构和"通所"型机构，截然不同。

入住型机构，是承载着使用者日常居住与生活类型的设施，认知症老人之家、收费老人院等机构便属于这种类型（图5-16～图5-19）。

"通所"型机构，是指在老人居家生活的同时，根据自身情况，定时定点以从家到机构间通勤的方式，接受所需的护理援助、康复训练等服务的机构，小规模多功能养老设施等就属于这种类型（图5-20～图5-23）。

在入住型机构中，作为使用者每天居住生活重心的卧室空间，占据了机构大部分的空间构成比例。

而另一方面，在"通所"型机构中，空间配置则是根据机构所提供的运营服务的内容，由诸如康复训练、日间照料、短住卧室等多样化的功能空间组合而成。

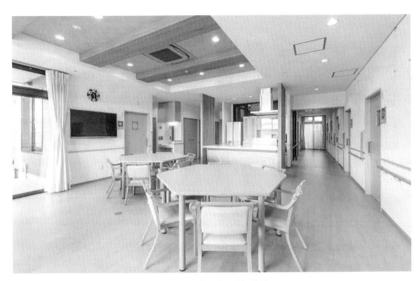

图5-16　LDK空间（入住型机构）

图5-17　带明亮天窗的LDK空间
（入住型机构）

图5-18　榻榻米休闲区域
（入住型机构）

图5-19 静谧舒适的餐厅兼公共生活的
LDK（入住型机构）

图5-20 小规模多功能机构的功能
训练室（通所型机构）

图5-21 功能训练室窗边设置
榻榻米休闲区（通所型机构）

图5-22 餐厅兼功能训练室
（通所型机构）

图5-23 室外"缘侧"空间夜景（通所型机构）

2. L字形、T字形布局，使入住者更有活力

如图5-24所示，传统机构多采用I字形的布局方式，这种方式是在长长的内廊两侧，对齐布置居住者卧室的相对简洁的平面形式。

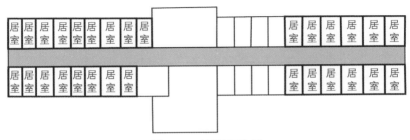

图5-24　I字形平面布局

这样的布局是受过去观念的影响，养老机构和早期的医院一样，都被当成了收容设施来进行设计。换句话说，养老机构原本是医院病栋的延伸，因此养老机构平面设计也是模仿医院的住院部病房的平面来进行设计的。因为I字形平面布局从功能上有其存在的合理性，因此至今仍有很多机构采用这样的布局方式。

但是，如果从入住者需求与其生活的便利性以及减轻机构员工工作负担的角度出发考虑，则应该在平面布局上进行相应的调整和改进。

具体来说，养老机构的平面应该考虑，选择T字形或L字形的布局形式（图5-25）。

T字形或L字形的布局，由于交通流线缩短，能够减轻入住者和员工在距离上的抵触感。例如在I字形机构中，当护理人员必须从长廊的一端走到另一端的尽头时，可能会有"距离怎么这么长呀！"的厌烦感。但是在T字形的机构中，由于可视距离被明显缩短，因此工作中不太会产生过于消极的情绪。

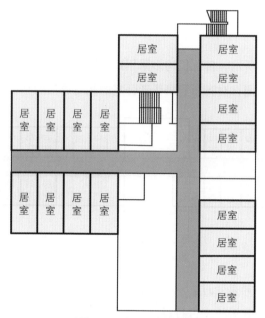

图5-25　T字形平面布局

同理，日常生活中T形、L形机构中的老人会更具活力，员工也不会产生太多的心理负担，护理的效果也会有明显的提升。

3. 通过中庭、坪庭（天井）、光庭、通庭、绿植墙庭等营造绿色空间

在机构中，绿植的存在非常重要。

当我们在绿意盎然的林间漫步，感受到从树枝缝隙间透过的阳光与微风，相信每个人都会觉得心旷神怡、身心愉悦吧。

反之，如果长时间被关在完全没有绿植的房间中，人们难免会觉得沮丧、无聊或者情绪低落吧。

正因为绿植能够带给人们愉悦的心情和积极的感受，因此希望能

够在养老机构中积极创造一个能让人感受到盎然绿意的疗愈空间。

这里向大家推荐5种具体的营造方法：①中庭、②坪庭（天井）、③光庭、④通庭^①、⑤绿植墙庭。（图5-26）

①中庭，是四周被建筑物或围墙围合而成的开放空间。

②坪庭，指规模较小的中庭，类似天井。

③光庭，指专门为确保光线而设置的小中庭。

④通庭，是指从正门贯通后门的廊道空间。

⑤绿植墙庭，是指使用绿植或人造花等来造景的墙面。通过墙庭，与外面的庭院相呼应，能产生连续性的效果，可以使狭小的空间在视觉上变得更开阔（图5-27、图5-28）。

首先，应该通过在机构中设置中庭、坪庭、光庭、通庭、墙庭等方式，让老人们坐在起居室休憩或在浴室泡澡时，都能享受到绿意盎然的景色。

这样才能打造出让使用者和机构护理人员两者都能从视觉上感到愉悦舒适的造景空间。

廊庭，是京都传统住宅的空间构成要素之一。由于廊庭具有"面宽狭窄而进深悠长"的形状特征，被称为"鳗鱼之床"。这种狭长的住宅在构造上不易采光，因此需要在住宅的中间设置廊庭来解决局部采光的问题。

廊庭主要的作用是解决人员出入和物品搬运的交通问题，但它又不仅仅只是交通空间，它同时也是一个重要的共用空间，一个能够满足家庭成员们不同需求的弹性空间。

综上所述，中庭、坪庭、光庭、通庭、墙庭，不仅可以让我们感

---

① 廊庭，日文通り庭，是京都传统住宅中常见的庭院形式。

受到来自大自然的绿意，可以达到采光的效果，同时，它还有个重要功能，让风流动起来！正因为它们的存在能够给环境带来诸多作用，因此它们也是我们在自己的机构设计中必然选择的空间营造要素。

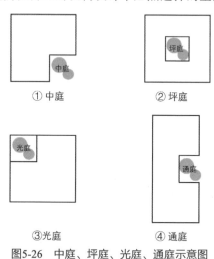

①中庭　　　　　　　　②坪庭

③光庭　　　　　　　　④通庭

图5-26　中庭、坪庭、光庭、通庭示意图

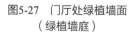

图5-27　门厅处绿植墙面　　　图5-28　绿植造景墙面
（绿植墙庭）　　　　　　（绿植墙庭）

4. 排泄——卫生间设计

在养老机构的卫生间设计上，应采用易清洁的特殊墙纸防污，和

选择明亮柔和的内装风格。

　　卫生间里通常会在坐便器的两侧安装扶手，但同时也应该考虑在坐便器的前方安装可以放下来支撑身体的扶手（前方挡板）（图5-29）。因为老人在长时间保持坐姿时，有可能出现因上半身逐渐前倾而导致的跌倒风险，所以，这时如果前方设有挡板，则可以避免这类事件的发生。

　　此外，前方设挡板，还可以在护理人员为失能老人进行，诸如穿脱裤子等自主排泄护理时，起到支撑身体的作用。

　　卫生间有一种内外都可以打开的双开门，看起来它好像很方便，但是这种门有容易被损坏的缺点，不便于后期的维护。

　　不选择双开门，又会遇到门究竟应该"向内开"还是"向外开"的问题，我们建议使用向外开启的外开门型（图5-30）。因为如果采用内开门，当遇到老人在狭小的卫生间跌倒时，容易出现身体被卡住，门无法从外面开启而延误救援等问题。

图5-29　卫生间扶手与前方挡板

图5-30　外开门与内开门

5. 洗澡——浴室设计

在浴室设计上，浴缸的选型非常重要。

当浴室较小而不能确保足够的介护空间时，浴室通常采用长边靠墙设置的固定式浴缸，这样的浴缸，护理人员只能从浴缸的一侧给老人洗澡，这会给护理工作带来很多不便，增加护理难度。

而如果浴室空间足够大的话，就可以使用三方介护型固定式浴缸（图5-31），即把浴缸放在浴室中央，留出护理空间，护理人员就可以从两边帮助老人洗浴。但是在规模小、条件差的机构中，做到这一点却非常困难。

图5-31　三方介护型固定式浴缸（桧木浴缸/株式会社METOSU）

因此，在空间比较狭小的机构，建议选用配有脚轮可以自由移动的可移动型浴缸（图5-32）。这样，护理人员就可以根据被护理者的实际情况进行调整，顺利应对有单侧麻痹老人的入浴护理了。

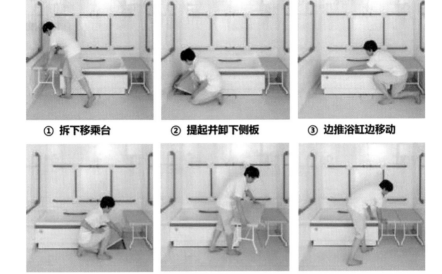

① 拆下移乘台　　② 提起并卸下侧板　　③ 边推浴缸边移动

④ 安装②处拆下的侧板　⑤ 移动移乘台　　⑥ 安装移乘台

图5-32　可移动式浴缸（Wealth/积水家庭技术株式会社）

6. 便于守护的开放式厨房

在养老机构中，员工做饭的厨房和使用者就餐的餐厅（食堂）通常是连在一起的。

这种开放式厨房的布局，主要是为了防止老人在用餐过程中，或者餐前餐后发生意外事故。这种布局方式，使得护理人员在备餐、烹饪或餐后收拾的时候，可以一边工作，一边兼顾看护老人，在机构中采用这样的设计方式比较安全恰当。

因为这样的话，万一老人用餐时不小心被食物噎住，护理人员就可以第一时间发现，并及时采取必要的措施进行处理。

其次，养老机构的厨房，也承担着使用者的日常交往和开展各类活动的社交功能。例如在我们的机构中，常常会举办"面包烘焙大会"、

"手作点心品尝会"等特色活动。同时，我们也会鼓励员工和使用者一起开展一些比较有地域特色的交流活动，比如策划大家一起动手制作爱知县、岐阜县的地域美食"朴叶寿司"等社区交流活动。

如果需要在机构中开展上述让使用者自己动手制作美食，或者让老人日常参与备餐等活动的话，厨房的布局则建议采用图5-33所示的"中岛型开放式厨房"。

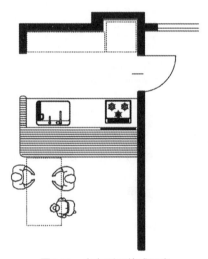

图5-33　中岛型开放式厨房

"中岛型开放式厨房"，由于没有墙壁和隔断的分隔，能够确保更宽敞的空间给人们带来开阔感，即使很多人在一起工作也不会感觉到局促，使用者和工作人员都能够发自内心充分感受到共同烹饪所带来的乐趣。

7. 使用灵活的多功能空间

在养老机构中如果拥有一个，不被设定特定用途的多功能空间，该空间可以根据实际情况灵活使用的话，则会非常地方便实用。

例如，这个多功能空间，既可以用作老人的娱乐、康复以及开展各类活动，又可以用作员工的会议、休憩，同时，还可以用作与来访的企业或参观者的面谈会晤等。

在多功能室、起居室等公共空间的使用内容上，我们的机构中，常常被用作开展音乐疗法和进行各种康复训练活动等。

音乐疗法，主要以唱歌练习为主。而我们则将音乐疗法设计成，先让当地幼儿园的孩子们来到机构中为老人们表演歌曲，随后，老人们也会以唱歌的形式做出回应。这样，努力多设计一些能够让老人们带有目标感参与的互动活动，会极大地提高他们的参与度和参与热情。

此外，在七夕节我们还会与社区居民共同举办节日装饰和制作七夕短笺等活动。组织并让老人们参与这些社区活动，也能够让老人们更强烈地感受到自己是社区中的一员，从而起到促进老人们的自立自主性和扩大其生活领域的作用。

8. 居室的空间大小

居室，是养老机构中使用者居住的场所：从确保其个人隐私的角度来说它非常地重要，但是我们也不希望老人们一直都呆在自己的居室中，过上"足不出室"的机构生活。因为，从维护老人的社会性和促进其独立自主性的观点来说，老人必须走出自己的房门，尽可能扩大自己的生活领域和活动范围。

例如，如果机构中的居室空间面积足够宽敞（图5-34），并配备好了沙发、茶几等家具的话，前来探访的家人朋友，自然就会被老人留在自己的居室中接待。而这样的设计，会大大减少机构老人走出房间的机会，和失去与更多的人相互交流的契机。

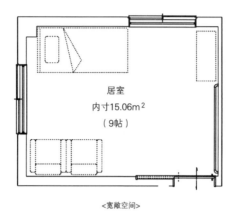

<宽敞空间>

移动距离长，有发生摔倒事故的风险

有休闲空间，只待在房间里不出去

图5-34 居室空间的大小（宽敞）

因此，我们在机构的居室设计中，都以"尽可能让老人走出房间到公共区域去活动"的理念出发，将居室空间的面积控制到最低限度（图5-35）。

<最小空间>

移动距离短，减少发生摔倒事故的风险

引导其参加公共空间的活动

图5-35 居室空间的大小（最小空间）

同时，因为这样的居室面积不大、空间紧凑，还具有防止老人意外跌倒的优点。

如图5-36所示，老人在家中发生意外时，居室（卧室）是发生事故概率最高的地方。如果居住的房间过于宽敞，老人在室内站立不稳时，无法立刻找到可以抓握或者依靠的地方，就可能重重地跌倒在地上，造成比较严重的摔伤。但是，如果房间大小适度，在老人不小心绊倒时，四周的墙壁就可以起到支撑和缓冲的作用，减轻老人因突然倒地所造成的危害。

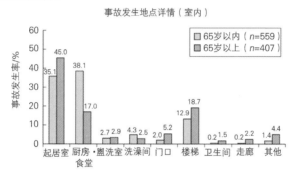

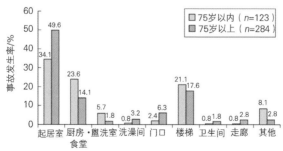

资料来源：日本独立行政法人国民生活中心《从医疗机构网络事业看家庭内事故　高龄者篇》。

图5-36　住宅内事故发生场所

9. 共用空间要尽可能大

特别是在认知症老人之家的机构中，居室的功能基本上只是睡觉，因此并不需要太大的面积。

这时，不如尽量压缩各个卧室居住空间的面积，把节约出来的空间分配给起居室、活动空间等共用空间，尽可能让共同活动区域的面积更大一些。

如果公共活动区域的空间足够大，使用者就可以在这里自由自在地做自己喜欢的事情。

要想提供一个，既能满足让一些人积极地去做自己喜欢的事情，又能满足让一些不想做事的人静静坐在一旁观看，而且护理人员也可以很方便地从远处监护的宽敞空间，是需要一定程度面积的，那么，通过缩小居室空间的面积是不是就可以实现这点了呢！

另外，在我们对使用者家属的访谈调查中，关于居室空间大小，很多家属表示："如果房间大的话租金则会更贵，所以稍微小一点也没有关系。"

当然，关于居室空间的大小，还有各种各样的想法和观点。但是，绝对没有"面积大就好，小就不好"的说法。

10. 注意布草间和洗手间的设计

虽然常常被忽视，但是在机构设计中对于存放毛巾和床上用品的布草间的设计也需要格外注意。

布草间的收纳力（容量）和便捷性二者至关重要。

在便捷性上，布草间的位置设置要重点考虑。因为毛巾、床上用品等在搬运过程中如果距离太远则会增加护理人员的工作负担，所

以，布草间应该尽可能设置在距离浴室、居住卧室等离使用现场较近
的地方（图5-37）。

诸如此类，能减轻护理人员工作负担的设计，在机构设计的各个
方面都要有全面的考量。

例如，在完成洗手介助护理时，工作人员如果能从老人的旁边、
侧面等各个方向灵活应对，护理工作会更加轻松顺畅。因此，我们机
构的洗手槽采用的是可以供三四人横着并排介护或多方介护的洗手槽
形式。此外，还有将水槽中的水龙头设计成可以用手肘轻松开关的按
压式水龙头的，这些都是为了减轻护理人员工作负担的悉心设计。

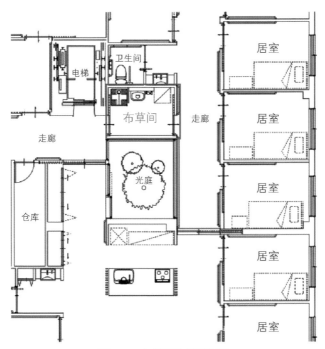

图5-37　布草间的位置设置

11. 为员工准备舒适的休息空间

从工作环境营造的视点出发，在机构中，为护理人员提供一处能让他们从繁重的护理工作现场抽离出来，可以安心舒适地休憩的场所非常重要。

护理人员一整天都持续面对使用者，随时都处在神经高度紧张的护理工作状态中，这会给护理人员的身心带来巨大的负担。

最理想的情况是在机构中准备一个专用的员工休息室，如果空间上有限制，至少也可以在合适的时候，将多功能活动室、会议室等兼顾员工休憩的场所利用起来。

在机构中的休憩场所，应该为员工放上一台咖啡机，供他们在喜欢的时候喝上一杯咖啡；准备好冰箱、微波炉，任员工自由使用；或者放上一台电视等，尽可能为他们提供能够使其放松愉快的设施设备。

此外，还建议在机构的共用空间放上按摩椅，这样使用者和护理人员都可以自由使用。实际上我们已经在自己运营的机构中做了这样的尝试，出人意料地受到了大家的欢迎。

5-6

创造舒适空间设计的10个要点与雇佣员工的3个关键问题

1. 10个要点

接下来，我们以人类生活三要素"衣、食、住"为基础，加上"乐、光、风、庭、自然、安全、安心"七个与幸福生活相关联要素相结合，用下面10个要点来详细说明前文提到的机构设计的关键任务。

（1）舒适的空间营造

与传统的I形病栋式空间结构相比，机构设计建议采用L形、T形空间布局，或者其他私密性较强、空间变化丰富、不易让人感到厌倦的非直视型空间结构形式。

这样的空间直视距离更短，弱化了机构式布局带来的生硬感，不易使入住者和护理人员产生违和感，更容易营造出一种家庭式的氛围。

（2）能激发食欲的空间营造

一日三餐本身就能够给人带来很大的乐趣，同时它也对维持身体健康至关重要。

为了激发就餐者的食欲，除了使用安全放心新鲜营养的食材以及根据热量摄取量精心烹制的健康菜品以外，就餐环境的氛围营造也非常重要。

譬如，就餐空间要采用明亮的暖色系照明，通过新风系统排除餐厅异味净化空气，提供经过严格计算的体感舒适的室内温湿度，采用温馨素雅的室内装饰风格等。

（3）居家感爆棚的空间营造

作为老人“最后的家”，养老机构真的能让人有家一样的感觉吗？

从外观上要有意识地把机构建筑设计成人字形坡屋顶的形式。从建筑外形来说，养老机构通常会采用坡屋顶（单坡、双坡）、平屋顶的形式。然而，机构外观营造的关键是，当老人在黄昏幽暗的余晖下缓缓走来，从不远处仰望到机构坡屋顶剪影时，从内心升起熟悉而温暖的“回家了”的感觉。

同时，为了避免建筑物对人产生的压迫感，机构建筑还应尽可能采用低楼层的设计。

（4）快乐空间的营造

同样，作为老人"最后的家"，为了让机构入住者们每天能够按照自己喜欢的方式快乐地生活，机构中就应该营造出老人自己的"居場所"。

为了实现"居場所"的空间营造，老人与朋友、家人、护理人员之间的良好关系也非常重要。

（5）自然光满溢的空间营造

天气好的时候，让自然光满溢的光环境营造非常重要。

因此，应该通过在建筑物内部设置中庭、坪庭、光庭、通庭、墙庭等手法，把自然光导入进来。

（6）随风飘香的空间营造

风，就是空气的流动，它会随季节而变，机构中的通风设计，应该尽可能地让风以最自然的方式向着一个方向流动。

例如，通过屋檐设计，让延伸出的深屋檐形成阴影，使得空气中产生温差，空气中的温差再产生对流而形成风。室外的馨风吹进室内，使难闻的异味随着自然风的路径单向流动，让房间内部污浊的空气被随之带出，起到净化室内空气的作用。

（7）带庭院的空间设计

从营造丰富而愉悦的生活环境角度出发，庭院的存在价值非常重要。这一点，无论机构是建在闹市，还是远在乡村，只要是人居住的地方都一样重要。

不过，位于城市中心的机构，要保留一方庭院实在非常困难，这时我们可以采用模拟体验的方式，利用绿植、人造景观等来营造一个可以连接室内外的"绿植艺术墙"式的庭院空间。

（8）感受自我存在的空间营造

什么是"感受自我存在的空间"呢？

它主要指人们从很早的时候就经历或感受过的一些东西，例如实木所散发出的独特的清香，像老古董一样的物品摆件，毫无违和感而存在于人们熟悉记忆中的空间形式等。

设计时我们可以通过访谈了解老人独有的经历与体验，并将这些内容很好地融入能够体现老人自我存在价值的空间设计之中。

（9）安全空间的营造

机构设计中，具备良好防盗、防灾等安全防范功能的空间环境营造非常重要。

除了前文中提到的安全门的设计以外，还有诸如，导入应对临时停电的太阳能发电设备、使用灾害时能快速恢复使用的LP罐装瓦斯等，确保机构生活的安全性设计。

（10）让人安心的空间营造

养老机构设计，应该以包容宜居的空间设计为目标，为老人们创造出广义无障碍的通用型居住空间。

我们运营的养老机构，一直以这十个空间设计要点为目标，努力创造更为理想化的养老机构环境（尽管由于受场地、环境等限制，常常无法同时实现所有功能……），上述经验仅供参考。

2. 3个关键问题
（1）人才培训的关键点

养老机构中的劳动力短缺问题，与机构对内部员工的专业培训有很大的关系。如果机构不能对受雇用的员工提供良好的内训，其结果就和人才流失一样，会对机构的运营造成不良的影响。

那么，在内部员工的人才培训上，有哪些应该特别注意的要点呢？

首先，对于从未有过介护经验的新员工来说，初期难免会有诸如"照顾别人的工作我真的能胜任吗？如果做不好，是不是会惹麻烦呀？"等等强烈的不安与担忧。这时，机构应该帮助他们打消顾虑，并且努力为让员工对其工作抱有积极乐观的心态和持续的热情，提供全方位的帮助与支持。

譬如，如果新员工是二十岁出头的女性，公司就可以委派同年龄段的女性员工来帮助新员工熟悉业务，新员工在工作中遇到的问题与烦恼都可以找她咨询，这种年龄相近的"老带新"的方式，可以为新员工提供最大限度的帮助与支持。

最近，在我们的养老机构中正好就有这样的案例，一位转行到我们机构中工作的女性员工在"老带新"同伴的帮助下，逐步适应了新工作，还觉得"护理工作非常有乐趣"，在护理工作的道场中表现得干劲十足。

护理工作的职业规划有两种选择：一种是在护理一线持续地工作；另一种是以管理者或养老机构院长为最终的职业目标。对于后者，公司应该积极为他们建立支持职业发展的晋升管理体制。

例如，为立志成为管理者的员工提供适当的指导和建议，培养相应的技术、能力、知识以及管理思维方式和独立解决问题的能力。制订周密而谨慎的培养计划（人事考核制度等），让他们不会有"我可能做不到"的担忧和顾虑，进而稳步提升自己的管理技术与能力。

特别是现在的一些年轻人不太愿意从事需要担责的工作。但从持续发展的视点来看，机构应该从长远出发，尽早发现并努力培养这些有管理目标愿意的人才，积极帮助他们顺利走上管理者岗位。

（2）有效利用老龄员工

正如前文所述，今天在招募青年员工非常困难的情况下，老龄员工作为主要战斗力的机构已屡见不鲜。今后，对于即将进入养老事业的经营者来说，雇佣老年人的情况也会越来越多。

接下来，我们谈谈雇佣老龄员工时需要注意的关键问题。

首先，因为养老机构本来就是为老人提供护理的场所，因此无障碍的环境设计本身会比其他空间更适合老年人工作。

但是，像布草间、办公室等设计时并没有考虑到老年人使用的地方，就可能会让老龄员工使用起来不太方便。

因此，在这些特殊的地方就需要重新考虑为老年人的工作提供方便的空间设计。具体来说，可以考虑提高照明亮度让视线更清晰，重新设计标识系统提高易识别性等。

当然，老年人的体力、工作效率、判断力等方面，都会比年轻时有所下降。尽管最近人们普遍感觉，很多八九十岁的老人仍然充满活力，但是过度的自信也是相当危险的。因此，机构管理人员应该严格控制老龄员工的劳动时间，确保其有合理充足的休息，防止因过度劳累给身体带来的负担。

同时，机构还应该做好意外发生时的安全联络网建设。例如，提前告知老龄员工："如果发生意外或遇到麻烦，请立刻与○○人联系。"具体联络员应限定为1人，在接到紧急情况报告时，联络员还必须同步向自己的上级汇报。这样，对于老龄员工来说就能够迅速记住简单的应对流程。

这与写着复数人名"A人→ B人→ C人"的安全网络流程图相比，能够有效避免混乱，让老龄员工更易记住，并快速处理。

（3）管理外籍员工时应考虑的事项

上一栏中，我们提到了老龄员工的雇佣情况，同样，在未来的护理行业中，外籍员工的雇佣及其管理也非常重要，需要进行认真的思考和对待。

首先，在雇佣外籍员工时，必须非常重视他们的"本国习俗"。外国人有着与日本人不同的民风民俗和生活习惯，在对待外籍员工时不能一味地强化和要求他们按照日本的风俗处事，必须尊重他们的本国习俗，尤其是在其宗教信仰上，一定要给予最大限度的考虑。

在居住设施上，应该为他们提供安全放心的居住环境。很多房东因为烦琐的入住手续和安全问题而不愿租房给外国人，这时机构应该积极从中斡旋，为外籍员工提供相应的支持与帮助。

另外，当外籍员工在工作与生活上遇到困难需要帮助时，建议机构为他们选派一位亲切友好，善于沟通的"生活联络员"。"生活联络员"要尽可能选与外籍员工同性、同龄的同伴最好。这些工作如果直接由上司担任可能不太好，员工遇到不好询问或希望回避的事由时难以开口（当然，机构应该营造一个上下可以自由交流沟通的企业环境）。

此外，为了让其更快熟悉并融入工作环境，可以积极筹划外籍员工能够轻松参与的各种团建活动。例如，我们公司每年至少举办两次聚餐和旅行，比如野外露营、采摘草莓、富士山和京都的观光旅行等。

通过这些活动，大家可以聊聊"为什么来日本呀？"、"您的本国文化与日本文化有哪些不一样呀？"等等这些轻松的话题。活动中，外籍员工可以通过和同事与公司前辈之间的交流，相互了解，相互尊重，拉近距离，增进友谊。

第 6 章

成为被入住者和介护者"选中"的养老机构：
4 个设计案例

6-1　自己家一样的认知症专用设施【Urara　日和　奥町】

如图6-1、图6-2所示。

【设施类型】

认知症老人之家（集体生活之家）、小规模多功能养老设施

【开业时间】

2007年8月（认知症老人之家）

2007年12月（小规模多功能养老设施）

【所在地】

日本　爱知县　一宫市　奥町

【服务范围】

日本　爱知县　一宫市

图6-1　【Urara　日和　奥町】（日间外景）

图6-2　【Urara　日和　奥町】（夜间外景）

1.　复合型的机构设置，可把生活环境的落差降到最小

过去，我们常见的都是独立运营的认知症老人集体生活设施。例如我公司在2004年4月和2005年4月分别开业的【Urara　日和　关】、【Urara　日和　金山】两个机构，就属于这样的情况。

但是在本节中我们将要介绍的【Urara　日和　奥町】，集"认知症老人集体生活之家"与"小规模多功能养老设施"于一体，是一种全新的复合型养老机构模式。这种将认知症老人专用设施与小规模多功能社区养老设施建在一起的方式，对于使用者来说有很大的便利和优势。

具体来说，对于在"小规模多功能养老设施"区域接受"日间照料"或"短期住宿"服务的轻度认知症老人，当他们需要更高水平的专业护理时，就可以直接搬到同设施的"认知症老人集体生活之家"区域中继续生活。

上述情况下，老人如果被迫搬离继而转到较远处完全陌生的"认知症老人集体生活之家"里，就很有可能会患上所谓的"异地搬迁综合征①"。这是由于生活环境的突然变化而带来的压力、焦虑等情绪给身心造成巨大负担而导致的生理上的反应。

因此，如果把"小规模多功能养老设施"与"认知症老人集体生活之家"放在相同的机构环境中，就能够把使用者生活环境的变化控制在最小范围内。

在像我们这样的复合型机构中，两种设施日常就采用的一体化运营方式，因此，入住老人在机构间相互转移居住时并不会感到不适应。同时，两个设施的老人之间的交流也非常活跃。老人在搬入新的"认知症老人集体生活之家"后，原来同在"小规模多功能养老设施"中居住的同伴也会常常过来访问寒暄："房间住起来觉得怎么样？""觉得开不开心？"……

此外，两个设施的工作人员之间也建立了密切的合作关系，并致力于提供更为优质的个性化服务。

例如，两个设施常常会共同开展春日远足等集体活动。2019年11月两个设施共同组织了岐阜县揖斐川町的温泉旅行。在温泉入口前的合影中，老人们留下了笑容满面的身影（图6-3）。老人们还可以外出就餐（图6-4）。希望可以通过这样的活动，为老人们积攒生活中点点滴滴的美好回忆。

---

① "异地搬迁综合征"，日文是「リロケーションダメージ」，可以翻译为"搬迁损伤"、"重定位损伤"、"迁移损伤"等。这个词通常被用来描述员工由于公司安排而被要求搬迁或重新安置的情况下可能面临的身体和心理上的不适或问题。这种不适或问题包括失去社交网络、文化差异、语言障碍、寻找新的住所、失去日常生活的稳定等。这里指老人因为移住到新的环境所产生的生理、心理上的诸多问题。

图6-3　温泉旅行

图6-4　外出就餐

2. 因不了解新制度，获客过程很辛苦

【Urara　日和　奥町】开业时，日本关于小规模多功能养老设施的制度刚刚建立，人们对其功能、内容、服务形式都不甚了解，就连专业的养老护理人员都常常会有"小规模多功能机构是什么？"，"日间照料设施里面也可以住宿吗？"，"访问介护的服务也要提供吗？"等等疑虑。

因此，营业初期在招揽顾客上费了不少脑筋，非常辛苦。

机构员工花费了不少时间和精力，在社区活动中心反复举办说明会，经过努力才慢慢提高了人们对"小规模多功能养老机构"的认知度。

正因为这些不懈的努力，才有了今天【Urara 日和 奥町】"认知症老人集体生活之家"、"小规模多功能养老设施"长期的满床状态。如图6-5、图6-6所示。

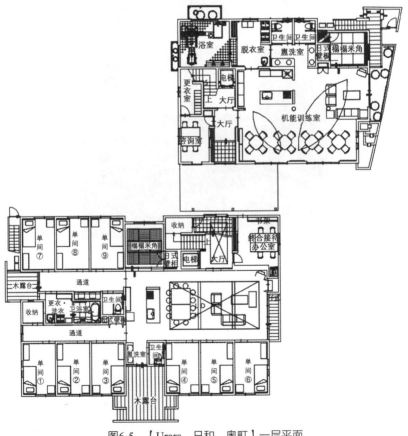

图6-5 【Urara 日和 奥町】一层平面

图6-6　【Urara　日和　奥町】二层平面

6-2　优先考虑员工工作效率的平面设计【Urara　日和　柳津】

如图6-7、图6-8所示。

【设施类型】

小规模多功能养老设施、收费老人院（住宅型）

【开业时间】

2011年 3月

【所在地】

日本　岐阜县　岐阜市　柳津町

【服务范围】

日本　岐阜县　岐阜市

图6-7　【Urara　日和　柳津】外景

图6-8　【Urara　日和　柳津】入口

1. 采用和风日式外观吸引近旁商场的购物者

【Urara　日和　柳津】被选址在永旺购物中心的附近。机构竣工时正值东日本大地震发生后不久，当时公司的主页发布了以下一篇竣工报道：

【Urara　日和　柳津】在岐阜县岐阜市的柳津町静静地落成了。它是一个由小规模多功能养老院和住宅型收费老人院组合而成的综合养老设施。

【Urara　日和　柳津】以"高品质静谧的生活空间"为设计理念，不仅提供了比厚生劳动省标准大两倍的居室空间，同时还拥有完备的地暖设施、开放便捷的多功能空间，和优雅静谧的日式外观设计。

该机构通过设施内部工作的护士、护工，与外部医院的医务工作者们，形成三位一体的紧密合作模式，为老人提供365天24小时的全天候护理援助服务。全方位的专业呵护，必能让老人及家属们放心满意。

近年来，政府投入大量补贴促进养老设施的建设，因此预计将来养老设施的建设数量也会有大幅提升。

但是，要被精明的使用者们一眼挑中，机构本身必须要具备与众不同的设计理念和服务策略。这也是我们在【Urara　日和　柳津】的设计初期非常重视的一点。

最近有很多医师朋友和医院管理者们前来咨询，关于如何运营老年公寓、养老院的医养结合项目。

围绕医疗和护理的养老发展瞬息万变，我们必须时刻关注相关的法律、条例、规范的修订和更改，以免被时代所淘汰。

如上文竣工报道所述，【Urara　日和　柳津】在设计上的理念就是"和风日式的外观"。由于机构选址在大型商业设施的旁边，一不小心机构外观很容易让人有"商业风"的感觉，为了避免这一点，我们刻意将外观设计成和风日式，来强化其"家一样"的主题属性和视觉感受。

此外，为了让前来购物的居民们产生"真想让我的父母在这样的机构中生活呀！"的想法，我们对建筑的"脸（表皮、外观）"做了精心的设计，让她看起来更加美丽温馨。

在设计上，还有一个需要重点考虑的地方就是高效便捷的流线设计。流线设计，通过组织能让护理人员短距离移动的平面布局，达到缩短移动时间和提高工作效率的目的。

其设计如图6-9～图6-11所示。

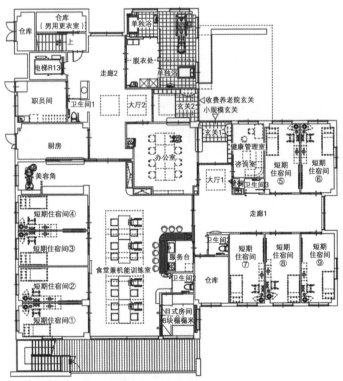

图6-9 【Urara 日和 柳津】一层平面

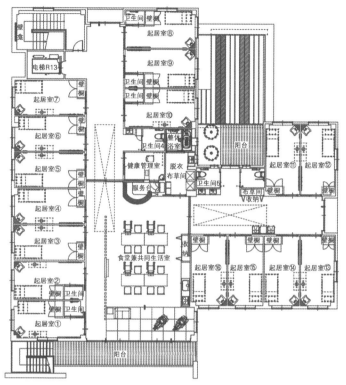

图6-10　【Urara　日和　柳津】二层平面

图6-11　【Urara　日和　柳津】美食角

2. 通过享受简单的购物乐趣来防止认知症的恶化

像【Urara 日和 柳津】一样，将养老机构建在大型购物中心的附近有以下几点好处：

首先，只要向前来购物的人们做好宣传，就能在集客方面取得很好的效果。

其次，因为机构选址在人流聚集的场所，因此只要对空间进行开放式布局的平面设计，就能很好地促进使用者与地域居民之间的相互交流。

此外，机构中的老人与家属都能够很方便地就近购买到各种生活日用品。特别是对于老人而言，购物行为本身就是生活的一大乐趣，同时，购物也能够有效防止认知症的恶化，起到很好的日常康复训练作用。

6-3 设有咖啡馆和骨科医院的复合设施【Urara 日和 羽岛】

如图6-12、图6-13所示。

【设施类型】

小规模多功能养老设施、服务型老年公寓

【开业时间】

2012年4月

【所在地】

日本 岐阜县 羽岛市 竹鼻町

【服务范围】

日本 岐阜县 羽岛市

图6-12　【Urara　日和　羽岛】外观（餐厅、骨科医院入口）

图6-13　【Urara　日和　羽岛】外观

1. 开设复合设施，旨在成为为社区服务的开放型机构

【Urara 日和 羽岛】是一家致力于让机构能够"向地域与社区开放"的养老设施。

该理念在设计上的具体表现就是，除了建有"小规模多功能养老设施+服务型养老公寓"的主体部分以外，还同时营建了向社区开放的，无障碍设计完备的骨科医院和咖啡厅。

通常，养老机构与设施外的人员之间缺乏沟通与交流，机构内部比较容易形成闭塞的空间氛围。像【Urara 日和 羽岛】一样，通过营建普通人群也可以自由使用的医疗与餐饮设施的做法，不仅可以让到店的客人对养老机构产生兴趣、多一点关注，同时，也可以为在机构中生活的老人们，创造多种多样的人际交流机会。

而且，对于老人而言，在机构旁边就有骨科医院和咖啡厅也非常让人放心和方便。一旦身体稍有不适，立刻就可以接受治疗；如果有家人或朋友前来探望，还可以就近下馆子享用美食和咖啡。

咖啡厅是由集团公司运营的，提供的餐品以日式料理为主：

（1）早餐

中药养生早餐粥等

（2）午餐

手作京都风自助餐（蔬菜沙拉、土豆炖牛肉、萝卜等15种以上菜品）

（3）下午茶

每日替换的甜品和下午茶套餐

目前，【Urara 日和 羽岛】并设的咖啡馆和骨科医院都深受居民们的喜爱。

2. 从通庭开始，倾注自己全部的设施设计理念和思想

【Urara　日和　羽岛】最富创意的设计是将各个设施都设置在同一场地内，各部分之间再用连廊通庭将它们紧密地连接在一起。

一般的养老机构，很多是把咖啡厅设置于机构内部的情况，但是，通常这种咖啡厅内设的形式，会让想进来坐坐的外部人员产生"这里的咖啡厅，是不是只有机构内部的人员才能使用呀"的误解。

【Urara　日和　羽岛】不仅在咖啡厅外设立了"非机构内人员也可光顾"的标识，同时，用通廊将二者连接在一起，使咖啡厅与机构浑然一体毫无违和感。

【Urara　日和　羽岛】的服务型老年公寓，在设计上每个房间都有大开口的窗户设计，确保了充足的采光。

此外，最让我们欣慰的是，老年公寓内部开放式大空间的设计，让每位用户都能够自由调整空间格局以适应自己个性化的生活方式。

当然就个人而言，羽岛是生我养我的故乡，所以设计时就始终带着"将自己全部的设计理念和热情倾注其中"的美好夙愿。

也许正是由于这样特殊的情愫和美好的愿望，从机构亮相的展览会开始，就有许许多多其他机构的工作人员和设计人员们前来参观交流，并且拥有了"开馆即满员"的美好开端。

其设计如图6-14 ~ 图6-17所示。

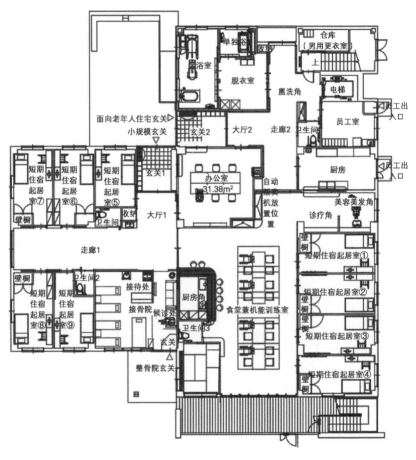

图6-14 【Urara 日和 羽岛】一层平面

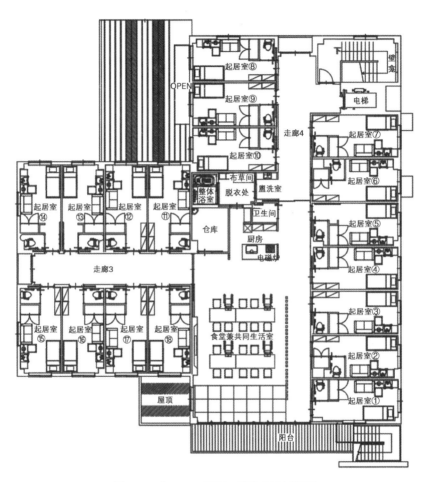

图6-15　【Urara　日和　羽岛】二层平面

图6-16 【Urara 日和 羽岛】并设咖啡厅内部

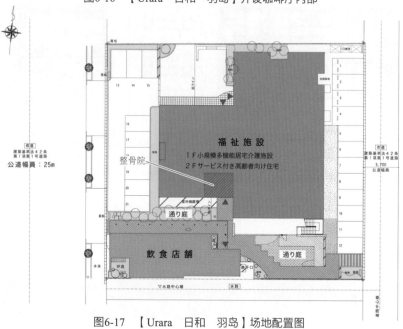

图6-17 【Urara 日和 羽岛】场地配置图

6-4　尝试融入城市并对外开放的空间营造【Urara　日和
江南】

如图6-18、图6-19所示。

【设施类型】

小规模多功能养老院·集体康复之家

【开设】

2014年3月

【所在地】

日本　爱知县　江南市　江森町

【服务范围】

日本　爱知县　江南市

图6-18　【Urara　日和　江南】外观①

图6-19 【Urara 日和 江南】外观②

1. 完全开窗的公共空间及宽敞的缘侧空间等全新的尝试

【Urara 日和 江南】，沿用了上述【Urara 日和 羽岛】中复合型机构的理念，从一开始就明确了商业+福祉一体化的设计思路，是一个以"社区营造"为核心理念的养老机构设计。

首先，与【Urara 日和 羽岛】一样，机构并设了普通人也可以自由使用的无障碍咖啡厅和骨科诊所。其次，也同样采用了通庭连廊的方式把它们整合到一起。

此外，还在此基础之上做了一些新的空间尝试。

譬如，为了促进使用者之间更好地相互交流，设计师在机构内的"餐厅兼功能训练室"内部，安装了局部的榻榻米地台（如上一章所述，使用者可以在榻榻米地台上进行围棋、象棋等娱乐活动）。

　　同时，面向该公共空间部分采用可以完全开启的落地式窗户设计，开窗后室外是犹如开放式露台般的缘侧空间，设计师希望可以通过日本传统的开放空间形式设计，让机构内部的老人与机构外部的居民之间提供更多的交流契机。

　　实际上，在机构每年例行举办的夏日祭活动中，当地的孩子们喜欢从开放的缘侧空间直接进到机构中来，这时就可以看到机构中的老人们满面笑容地与孩子们交流互动的景象。

　　此外，通过设置缘侧空间、利用庭院中竹子等元素，还可以进一步强化和风的氛围。这些在细节上下的功夫，使机构增添了与日式街道融为一体的韵味，也让使用者更有在自己"家"的感觉。如图6-20、图6-21所示。

　　同时，【Urara　日和　江南】中并设的咖啡厅，和【Urara　日和　羽岛】一样也是由集团公司运营的，不过这里的菜品采用的是意大利风格的料理。

　　这里让我们摘录一段美食周刊中的文章作为参考，向大家介绍一下该餐厅的空间氛围和舌尖美食的味道。

　　这是一间白色盒子般的外观下令人印象深刻的咖啡厅。

　　它以意大利风格的美食餐厅为理念，优选自家农场和当地菜农所提供的地产时蔬，并制成美味的菜肴。

　　自助餐提供了精心烹制的DELI风料理和前菜，是唯有午间才能独享的美食乐趣。

　　…………

　　明媚的阳光透过巨大的窗户和天井洒落进来，极致舒适的就餐环境是其空间的魅力所在。

（《KELLY编辑部最爱美食 珍藏版》<Gain>引用）

图6-20 【Urara 日和 江南】缘侧空间夜景

图6-21 【Urara 日和 江南】缘侧空间（外廊敞开）

2. 开展"儿童食堂"等公益活动，为社区营造作出贡献

今天，这家咖啡厅还为地域居民的社区营造做着积极的贡献，目前该机构正致力于开展"儿童食堂"等公益活动。如图6-22～图6-24所示。

图6-22　【Urara　日和　江南】咖啡厅照片①

图6-23　【Urara　日和　江南】咖啡厅照片②

图6-24 【Urara 日和 江南】咖啡厅照片③

提到"儿童食堂"，可能很多人会有"只对贫困儿童、孤儿、留守儿童等无人照顾的孩子们为对象"的印象，但实际上咖啡厅并不是只针对这样的人群，它提供的是一个跨越年龄代际之间可以自由交流的据点，一个让男女老幼聚集到一起的场所，名字改成"社区食堂"或者"交往餐厅"的话，或许更贴切一些吧！

活动日定在每月最后一周的周三，时间为17:00—19:30。费用为：儿童100日元；65岁及以上老人200日元；一般成人300日元。当地居民们，有的来做义工或者志愿者，有的为我们捐赠食品和食材，给我们的活动提供了爱心和援助。常常会有超过100人前来参与我们的活动，成为盛况空前的社区活动。

今后，不光局限于提供餐饮活动，我们还将开展诸如儿童的生活学习辅助等全方位的育儿援助活动，期待能够把它做成现代的"寺小屋"。

结束语

1. 设计永无止境

如前文所述，养老事业要想获得成功，环境设计的作用不可小觑。

特别是通过实现养老机构中"像家一样"的氛围设计，就可以吸引到足够数量的客户和使用者，同时也能确保并留住足够数量的员工。

然而，这就需要我们在未来的设计工作中不忘初心，时刻铭记"设计永无止境"的使命。

换句话说就是，设计师应该时刻警觉，即使是在施工完成并开始运营之后，也要时刻提醒自己"设计上是否还有不足和问题"，做到时刻反思并检验建成环境的使用情况，哪怕是再细微的地方，也要不厌其烦地去修正和完善。

有时，设计师自己会觉得"设计图纸非常完美，建成环境足够100分的标准"。但即便如此，实际使用中，一定还是会有遗漏和不完善的地方。特别是在护理现场的实际操作中，常常会有"这里的空间再大一点就好啦"、"开起门来有点费劲"、"地漏排水差不易清理"等等使用上的问题与瑕疵。因此，设计师应该对这些使用上的问题倾入更多的关注。

通过听取和收集这些建成环境中的反馈意见来进一步优化和完善环境的做法，不仅能够减轻员工工作中的负担和压力，而且可以大幅度有效地提升员工的工作效率。在某些情况下，甚至还能起到消减人工降低成本的作用。例如，原本需要2人完成的工作，在环境改善之后，常常只需1人就能胜任。

2. "感同身受"的体验成就更好的设计

实际上，在我们自己运营的养老机构中，施工完成投入使用之后，会反复听取机构护理人员对环境使用后的评价和意见，并针对这些意见对建成环境和设计方法进行不断的优化调整。

例如，集团中某新建机构的工作人员提出了"希望在厨房到卫生间之间安装扶手"的建议。收到这个反馈后，设计人员也立刻着手讨论该问题。最初，设计者觉得，"厨房到卫生间只有1.5米的距离，应该没有安装扶手的必要"，所以这里并没有特意安装扶手。然而，当设计师作为护理人员在现场体验了整个护理过程之后，就强烈地意识到了在这个位置上安装扶手的必要性。

像这样，设计师只有在经历了护理现场的亲身体验后，才能够意识到设计上的问题所在，这样的例子不胜枚举。

因此，我们公司会要求每一位设计师，都要在自己设计的养老机构中进行一段时间的护理实习。他们会和普通的护理人员一样，为老人提供助行、助浴、助餐等护理活动，同时也会和使用者一起参加各项娱乐活动及康复训练。公司致力于为设计人员提供更多"感同身受"的机会，让设计者能真切地体验到护理工作的艰苦与困难。

通过这样的方式，设计人员对护理工作有了更多的认识，并在新认知的基础上，对建成环境进行再检验和再确认，提炼出新的建筑设计方法，并在今后的环境设计中加以利用。

3. 参观学习拓宽视野，培养护理人员的设计批判精神

为了让现场的意见更好地纳入到机构设计的改进工作中，我们需要构建一种能够定期听取员工意见，并确保这些意见迅速有效地传达

到高层的管理机制。

另外，作为机制建设的一个重要环节，我们积极组织员工定期去其他机构参观学习的做法也取得了良好的效果。

通过让员工用自己的双眼去发现问题，得出"这个机构在○○方面还存在问题"、"这个机构在○○方面比我们的机构做得好"等个性化的思考与判断，将有利于培养员工对设计的批判精神和拥有客观独立的见解。

我们公司会要求员工在参观完其他机构后，向公司提交参观访问观后感的报告。这样的做法可能会对今后的机构环境设计有所助益，以下节选部分报告的内容仅供大家参考。

这个机构的环境中优点缺点都很多，我从中也学到了很多东西。

其中，最让我吃惊的地方是，机构内部不用换鞋即可进入这一点。

我很好奇，想知道对于早已习惯出入换鞋的日本使用者来说，这样的方式他们做何反应。

当然，出入不用换鞋，对于防止鞋子不合脚及玄关事故的风险来说非常有效。

但是，另一方面，它在防尘防污、安全逃生方面缺点却比较明显。

这个机构在浴室内宽敞的浴槽中央也安装了扶手，这样的设计非常贴心。

但这也是养老机构浴室设计上的一个盲点，足够宽敞的空间固然很好，但是过于宽阔的浴槽会给助浴护理的工作带来很多困难。因此，在确保浴室内有宽敞的沐浴和步行空间的同时，在其中央位置也安上扶手，不仅可以让老人抓握移动、防止跌倒，而且还会很大程度上减轻护理人员的助浴工作负担。

这个机构的更衣室空间很大，感觉使用时应该很方便。

卡拉OK兼休息室有约8张榻榻米的面积，休息室里放置了7张床。午饭后大家会争相使用休息室里的床铺午休，很受欢迎。

厨房的面积有点太大，但是可以环视起居室的设计，看起来像在家里一样，这样的感受非常好。

这个机构总体来说，走廊很宽敞，在单元生活空间中能够自由活动，可以找到属于自己的（居场所）空间。

………………

参观时我看到了社区居民也来机构访问的情景，他们仔细参观认真考察的样子，让我开始反思使用者究竟是因为哪些要素来选择自己心仪的机构的。

我们就是通过上述这样参观学习拓宽视野的方式，努力提高护理人员对设计的敏感意识，其结果也促进了设计人员做出更多，让使用者感到舒适，让护理者感到省力高效的设计上的持续改善的提案。

4. 了解西方建筑和日本建筑的本质区别，做出与街道相融合的机构设计

要想把养老机构建成像"家"一样的模样，就需要机构拥有与周围景观毫无违和感的外观形式，也就是要让建筑形式与街道景观相互融合。

因此，应该有意识地去了解西方建筑与日本建筑形式之间本质上的区别。

首先，西方建筑多是由纵向堆砌起来的石材构成，这种构成形式下，窗户的形状也被相应拉长。因此，这种与自然相对抗、强调自我的大型建筑形式，在欧美颇受欢迎。

另一方面，日本的传统建筑则善于用屋檐的深度来强调水平线上的延伸，以及在光影之间形成对比等，营造出独特的造型美感。在对待自然方面，与西方建筑有所不同，日本建筑的目标是要与自然和谐、融为一体。

此外，可用于多种用途的日式房间和推拉门也体现了日式建筑独有的易用性、灵活性的设计理念，而这在西方建筑中则没有体现。

日本也正是基于这样的传统日式建筑设计理念建成了日本的街道和景观。因此，为了让养老机构与街道景观相互融合，选择以日本风格和结构设计（木结构）为中心的设计形式是非常必要的。

5. 日本的机构设计方法与"陪伴守护"的护理理念，世界通用

空间"模糊性"被认为是日本建筑的重要特质。与西方建筑用门把空间分隔成独立明确的房间的做法不同，日本建筑的房间是通过自由开合的推拉门，根据实际需要，弹性地来控制房间大小的。

另外，日本传统的"缘侧"空间，它既不属于室内也不属于室外，而是作为消除明确的室内外空间边界而存在的一种具有"模糊性"的空间形式。

这种在日本建筑设计中存在的"模糊性"概念，与日本介护理念所倡导的"陪伴守护"有着共通之处。与西方人那种以"YES"、"NO"来进行的，积极明确的交流方式不同，对日本人来说，多少留点暧昧模糊的不确定性的交流形式，让人觉得更舒服。

我觉得这种"若即若离"的日式建筑所拥有的模糊性、弹性、包容性的设计特征，在未来有可能会吸引全世界的关注。（例如，我公司在为中国养老企业提供咨询培训服务时，提到了"陪伴守护"的护理理念，受到很大反响。很多听众都对我说，他们希望能了解更多的关于"陪伴守护"的具体做法。）

6. 社区式的养老机构，让使用者和护理人员都变得更加幸福

我们旗下的公司，不仅经营了前文所提到的咖啡厅，同时还运营着自己的拉面店、宠物沙龙、美容院等各种业态的项目。此外，由于我们最初是一家专业的医疗建筑设计事务所，因此我们在除了骨科医院以外的医疗机构环境设计中，积累了丰富的经验和知识。

因此，我们正致力于探索，在今后的复合型养老机构模式中植入更多的业态内容。

换句话说，"如果老人选择我们的机构，理所当然能够得到最好的护理服务；如果居住期间，身体上出现问题，还可以直接在这里接受治疗；肚子饿了，可以享用到各种健康美食；想要变得更美，可以接受这里的美容沙龙服务"……

我想营造的正是这样的环境，一个充满多样性的，如同街区一样丰富多彩的机构空间。

同时，我们还在积极探索，希望为地域居民的社区营造和区域振兴作出更多的贡献。例如前文提到的，儿童食堂和"寺小屋"。

作为养老机构，除了自身的养老服务以外，还能够积极助力地域社会蓬勃发展的做法本身，也会大幅提升员工们的工作热情和士气，让他们产生"我的工作很有价值，意义深远！"的职业自豪感。

实际上，在我们的公司为"儿童食堂"的公益活动招募志愿者

时，报名参与的员工就络绎不绝，纷纷响应。

像这样，通过建设带有街区多样性的"社区式养老机构"的做法，也将大幅拓展未来养老机构的多样性和可能性。

例如，在复合设施的宠物沙龙或美容院工作的员工，可能会提出"为什么不尝试为老人们提供○○服务呢？"等新的建议和想法，这些普通护理人员很难想到的新点子，必将使老人们的机构生活更加丰富，切实提升使用者的获得感和幸福感。

最重要的是，多样性的空间充满活力和各种刺激，会让在那里生活和工作的人们，时刻都充满活力和朝气。

换句话说，如果可以实现"社区式养老机构"的建设，那么这样的环境，必定会让使用者和护理人员都变得更加幸福，更加满意。

未来，我将为了那些和我有着共同理想与目标的养老同行们，继续探索，努力创新。

与此同时，我们自己的"小型社区营造项目"也即将正式开始啦。

参考文献

[1] 周燕珉，程晓青，林菊英，等. 老年住宅[M]. 北京：中国建筑工业出版社，2011.

[2] 住房和城乡建设部标准定额司. 家庭无障碍建设指南[M]. 北京：中国建筑工业出版社，2013.

[3] 吴茵，贾玲利，王吉彤. 居家养老AIP技术[M]. 成都：西南交通大学出版社，2016.

[4] 琳达·格拉顿，安德鲁·斯科特. 百岁人生：长寿时代的生活和工作[M]. 吴奕俊，译. 北京：中信出版社，2018.

[5] 王唯工. 中医为什么能治病？[M]. 海口：海南出版社，2021.

[6] 亚伯拉罕·马斯洛. 马斯洛需求层次理论：动机与人格[M]. 吴张彰，译. 北京：中国青年出版社，2022.

[7] 高龄者住环境研究所. 住宅无障碍改造设计[M]. 王小荣，袁逸倩，郑颖，等，译. 北京：中国建筑工业出版社，2015.

[8] 長屋榮一. 入居者が集まる　職員がイキイキ働く　介護施設設計[M]. 東京：幻冬社　株式会社，2020.

[9] 田中滋. 地域包括ケア　サクセスガイド[M]. 大阪：メディカ出版　株式会社，2014.